DIANQI SHEBEI YUNXING JI
WEIHU BAOYANG CONGSHU

电气设备运行及维护保养丛书

气体绝缘金属封闭开关设备

崔景春 等 编著

中国电力出版社
CHINA ELECTRIC POWER PRESS

内 容 提 要

近几年，随着我国电力工业的快速发展，新技术、新设备、新材料、新工艺在电力系统中的应用层出不穷，相应地对电气设备的运行与维护保养工作也提出了新的要求。为了更好地服务读者，满足读者要求，中国电力出版社组织科研、电力用户、设备制造单位相关权威专家共同编写了《电气设备运行及维护保养丛书》，由 10 余个分册组成，涵盖了电力系统中的主要电气设备。

本书是《电气设备运行及维护保养丛书 气体绝缘金属封闭开关设备》分册。全书共分为绪论、气体绝缘金属封闭开关设备的分类及基本结构和接线方式、气体绝缘金属封闭开关设备的运行技术、气体绝缘金属封闭开关设备的试验、气体绝缘金属封闭开关设备的运行管理、气体绝缘金属封闭开关设备的维护保养和检修、气体绝缘金属封闭开关设备常见故障分析与处理 7 章。

本书可供电力行业从事科研、规划、设计、采购、安装调试、运行维护及相关管理工作的人员以及电气设备制造企业从事研发、生产、销售、售后服务等相关工作的人员使用，也可供大专院校相关专业的师生阅读参考。

图书在版编目（CIP）数据

气体绝缘金属封闭开关设备 / 崔景春等编著. —北京：中国电力出版社，2016.7（2019.2重印）

（电气设备运行及维护保养丛书）

ISBN 978-7-5123-9118-5

Ⅰ. ①气… Ⅱ. ①崔… Ⅲ. ①气体绝缘材料–金属封闭开关–运行②气体绝缘材料–金属封闭开关–维修 Ⅳ. ①TM564

中国版本图书馆 CIP 数据核字（2016）第 060868 号

中国电力出版社出版、发行

（北京市东城区北京站西街 19 号　100005　http://www.cepp.sgcc.com.cn）

北京天宇星印刷厂印刷

各地新华书店经售

*

2016 年 7 月第一版　2019 年 2 月北京第二次印刷

787 毫米×1092 毫米　16 开本　11.75 印张　256 千字

印数 2501—3500 册　定价 **42.00** 元

《电气设备运行及维护保养丛书
气体绝缘金属封闭开关设备》

编 写 人 员

崔景春　王承玉　刘兆林　赵伯楠　张　猛

宋　杲　于　波　马炳烈　和彦淼

前　言

近几年，随着我国电力工业的快速发展，新技术、新设备、新材料、新工艺在电力系统中的应用层出不穷，相应地对电气设备的运行与维护保养工作也提出了新的要求。为推广科学、高效、安全、经济的电气设备维护保养方法，以减少电气设备的维修量、提高电气设备的运行效率、延长电气设备使用寿命，更好地服务读者，满足读者的需求，中国电力出版社组织科研、电力用户、设备制造单位共同编写了《电气设备运行及维护保养丛书》。该丛书由《电力线路》、《高压交流断路器》、《气体绝缘金属封闭开关设备》、《高压交流隔离开关和接地开关》、《高压交流金属封闭开关设备（高压开关柜）》等 10 余个分册构成。

本丛书所有参与编写人员均为科研、生产运行、制造一线且工作经验丰富的技术专家，权威性高；内容紧密结合当前电气设备应用实际，实用性强；涉及输变电系统各电压等级、各类型电气设备，涵盖范围广。

本书是《电气设备运行及维护保养丛书　气体绝缘金属封闭开关设备》分册。全书分为绪论、气体绝缘金属封闭开关设备的分类及基本结构和接线方式、气体绝缘金属封闭开关设备的运行技术、气体绝缘金属封闭开关设备的试验、气体绝缘金属封闭开关设备的运行管理、气体绝缘金属封闭开关设备的维护保养和检修、气体绝缘金属封闭开关设备常见故障分析与处理 7 章。本书第一章由崔景春、王承玉编写；第二章由张猛、宋杲、和彦淼编写；第三章由崔景春、赵伯楠编写；第四章由赵伯楠、崔景春、马炳烈编写；第五章由刘兆林、王承玉、于波编写；第六章由张猛、刘兆林编写；第七章由王承玉、刘兆林、张猛编写。全书由崔景春审校统稿。

本书在编写过程中得到中国电力科学研究院、国家电网公司华东分部、西安西电开关电气有限公司、上海西电高压开关有限公司和有关制造厂的大力支持和帮助，他们提供了十分难得的素材和相关资料，并提出了十分宝贵的建议和意见。在此，向为本书编写工作付出辛勤劳动和心血的所有人员表示衷心的感谢。

由于本书编写工作量大，时间仓促，书中难免存在不足或疏漏之处，敬请广大读者批评指正。

编　者

2016 年 2 月

目 录

绪　　论

气体绝缘金属封闭开关设备（gas-insulated metal-enclosed switchgear，GIS）是由断路器、隔离开关、接地开关、电流互感器、电压互感器、避雷器、母线、套管或电缆终端等电气元件组合而成的成套开关设备和控制设备，除外部连接之外，它们密封在具有完整并接地的以 SF_6 气体或其他气体作为绝缘介质的金属外壳内。三极封闭在一个公共外壳内的称为三极共箱式 GIS，每极封闭在一个单独外壳内的称为三极分箱式 GIS。GIS 和变压器连接在一起就可以组成一座变电站。GIS 可以分隔为相互独立的各个隔室，隔室可以根据内部的主要元件命名，如断路器隔室、隔离开关隔室、电流互感器隔室、电压互感器隔室、避雷器隔室、母线隔室等。GIS 中装用的隔离开关和接地开关，为了适应切合母线转移电流、母线充电电流、感应电流的需要，或者需要接地开关具有短路电流关合能力时，都可以设计成由电动弹簧操动机构控制的快速动作的隔离开关和接地开关，这对于户外敞开式的隔离开关和接地开关是很难做到的。

GIS 与常规空气绝缘开关设备（AIS）相比，具有占地面积小、环境适应性强、布置灵活、配置多样、易于安装和调试、运行维护工作量少等优点，因此 GIS 一出现就受到了电力部门的青睐，尤其受到城网变电站和水电站建设的热烈欢迎。在超高压和特高压的变电站设计中，为了节省占地面积，GIS 已经成为唯一的选择。

一、GIS 的发展和应用

自跨入 20 世纪 60 年代之后，随着工业发达国家的经济高速发展，尤其是现代城市的建设和发展，城市人口高度集中，高层建筑、写字楼、商业中心、宾馆饭店和居住小区密布，致使用电负荷密度剧增，城市电网的发展成为城市经济发展的关键。60 年代中期，为了适应城市电网的发展和高压进城的需要，出现了一种新型的以 SF_6 落地罐式断路器和隔离开关为基础，并将电流互感器、电压互感器、避雷器及 SF_6 气体绝缘母线或电缆终端组合在一起，以 SF_6 气体为对地绝缘的金属封闭组合电器开始在城市电网的变电站中应用。这种组合电器由于布置紧凑、体积小、占地面积少、环境适应性强、安装简便、运行维护工作量少，受到运行部门的欢迎，并在 60 年代后期开始大量使用在 145kV 及 72.5kV 城市电网中，随后又扩展到 245kV 的城市变电站中。这种组合电器开始称为气体绝缘变电站，即 gas insulated substation，由于这种变电站除了变压器之外，其他电气设备均封闭在以 SF_6 气体为绝缘介质的落地金属罐体内，所以也称为全封闭组合电器，后来正式命名为 gas-insulated metal-enclosed switchgear，即气体绝缘金属封闭开关设备，简称 GIS。

由于 GIS 所具有的一系列优点，自 1965 年世界上第一套 GIS 投运以来，GIS 不但广泛应用于城市电网、水电站和核电站中，而且随着 SF_6 断路器，尤其罐式断路器向超高压和特高压的发展，GIS 在各电压级均得到了广泛的应用，上至特高压 1100kV，下至中压 24~40.5kV，覆盖了各个电压等级。近些年来，世界上各 GIS 制造企业为了满足电力工业的不断发展，在结构设计、元件布置、制造工艺、材质选择、密封技术及试验检测技术等各个方面进行了大量试验研究和设计优化工作，采用一些新材料、新工艺、新元件和新技术，不断完善和改进产品的技术性能和质量水平，使 GIS 不断向小型化、模块化、环保化和智能化的方向发展。目前 GIS 的技术水平已经达到一个新的历史阶段，550kV 断路器已经实现单断口，550kV 及以下自能式断路器可以配用弹簧操动机构，1100kV 断路器额定电流可达 8000A，开断电流可达 63kA。252~550kV GIS，断路器为三相分箱式结构，母线有三相共箱式结构和三相分箱式结构，252kV GIS 的最小间隔宽度为 1500mm。126kV GIS 可实现三相共箱式结构，最小间隔宽度只有 800mm。铝合金外壳、三工位隔离开关、复合绝缘套管、数字式光电电流/电压互感器、新型传感器、在线监测装置、同步操作装置及智能组件等新材料和新技术的应用，为 GIS 向小型化、轻型化和智能化的发展提供了条件。

我国 GIS 的研制工作始于 20 世纪 60 年代中期，当时为了解决规划中的长江三峡水力发电站的变电站设计，由长江流域规划办公室提出了 110kV GIS 的研制课题，并于 1966 年由国家立项为科研项目。西安高压电器研究所（现为西安高压电器研究院有限责任公司）、西安高压开关厂（现为西安西电开关电气有限公司）和长江流域规划办公室共同承担 110kV GIS 的研制工作，并于 1971 年研制出了第一台 110kV GIS 样机，断路器为单压式、定开距、单断口灭弧结构。1973 年由西安高压开关厂试制出我国第一台 110kV GIS 产品，并装于湖北丹江口水电站进行试运行。1980 年西安高压电器研究所又研制出我国第一台 220kV GIS，断路器为当时国际上先进的单压式、变开距、单断口的压气式灭弧技术，1982 年在江西南昌斗门变电站投入试运行。70 年代末期，我国电力建设进入快速发展时期，元锦辽海、平武、晋京及华东等一批 500kV 输变电工程相继开工建设，电力系统对 SF_6 断路器和 GIS 的需求日益迫切。20 世纪 80 年代初，我国几大开关厂陆续开发了一批为满足城网建设和电厂所需的 110kV 和 220kV 的 GIS，其中西安高压开关厂开发了单断口、变开距的 ZF1 型 110kV GIS，平顶山高压开关厂（现为平顶山高压开关有限公司）研制了 ZF2 型 220kV GIS，并装于吉林白山电厂进行试运行，上海华通开关厂（现为上海华通低压开关有限公司）研制了单断口、单压、定开距断路器的 ZF3 型 110kV GIS 和双断口 220kV GIS，并在上海电网进行试运行，北京开关厂（现为北京北开电气股份有限公司）则研制了 ZF4 型单断口、定开距的 110kV GIS。虽然 20 世纪 80 年代初的一段时间内，我国 SF_6 断路器和 GIS 的研制开发形成一个热潮，但实际上这些开关厂对 SF_6 开关设备的设计、生产以及质量管理还处于萌芽阶段，无论从设计手段、加工装备、生产环境、检测设备，还是从生产组织和质量管理方面，仍然处于少油断路器的知识范围内，远未达到制造 SF_6 开关设备，尤其是制造 GIS 所应具备的生产条件和思想意识。因此，当时无论从技术性能、产品品种、产量，还是质量上均满足不了电力系统发展的要求。为了尽快提高我国 GIS 的设计水平和制造水平，引进国际先进的 GIS 制造技术和质量管理是唯一的选择。按照平武 500kV 输变电设备引进采用技贸结合的原则，1979 年平顶山高压开关厂在同步引进 MG 公司 550kV 系列产品的专利技术的同时，也引进了 MG 公司的 HB7 型 126kV GIS 的生产技术，后生产出 ZF5 型 72.5～145kV 的 GIS。1985 年西安高压开关厂与日本三菱公司以合作生产的方式，引进了三菱公司 GIS 的生产技术，制造出 126～550kV 的 GIS，其中 ZF7-126 为全三相共箱式 GIS，ZF8-550 为三相分箱式 GIS，采用气动分闸和弹簧储能合闸的气动机构，目前系统中仍有此种产品在运行。1985 年沈阳高压成套开关厂（现为沈阳高压成套开关股份有限公司）引进了日本日立公司的 66～550kV SF_6 断路器和 GIS 的设计技术，主要是设计软件，在消化日立技术的同时，紧密结合东北地区伊敏电厂和绥中电厂 500kV 送出工程，于 1991 年年底在国内首次研制成功 550kV GIS，并于 1992 年装用一个间隔在辽阳 500kV 变电站投入试运行。为伊敏电厂提供的 550kV GIS 于 1998 年投运，为绥中电厂提供的 550kV GIS 于 1999 年投运。至 1998 年西安高压开关厂和沈阳高压成套开关厂已经能够生产 72.5～550kV 的 GIS。

1999 年，沈阳高压成套开关厂和西安高压开关厂配合 ABB 公司取得了三峡工程 500kV 升压站 550kV GIS 的订货合同，西安高压开关厂和沈阳高压成套开关厂两厂同时引进了 ABB 公司 ELK3 型 550kV GIS 的制造技术，包括 HMB 型弹簧储能液压机构的制造技术，同时承担了部分间隔的供货任务。ABB 公司 550kV GIS 生产技术的引进，丰富了我国 GIS 的生产技术和产品品种，同时将额定短路开断电流提高到了 63kV 的水平，国产 GIS 的生产水平和技术水平得到进一步提升。进入 21 世纪后，我国电网建设迎来了大发展时期。首先是西北电网青海西宁至甘肃兰州东 750kV 示范工程的建设，为我国高压开关设备向更高一个电压等级发展提供了一个难得的时机。为了配合 750kV 示范工程的建设，沈阳高压成套开关厂引进了韩国晓星公司从日本日立公司转让过来的 800kV GIS 的制造技术，并与晓星公司合作完成了示范工程的供货任务。随后，西安西开高压开关股份有限公司和平高电气股份有限公司也相继研制成功 800kV 落地罐式断路器和 GIS，与晓星公司和新东北电气集团高压开关有限公司共同为西北 750kV 各变电站的建设提供了产品，满足了西北 750kV 电网建设的需要。2005 年开始的我国第一条 1000kV 晋东南—南阳—荆门特高压交流试验示范工程是我国发展特高压输变电技术的起步工程、试验和示范工程，也是我国特高压输变电设备自主研发和创新的依托工程。为了确保工程所需的 1100kV GIS 和 HGIS 的研制、生产、供货和可靠运行，国家发展和改革委员会对 1100kV GIS 和 HGIS 的研制技术路线确定为：中外联合设计、产权共享、合作生产、国内制造。确定河南平高电气股份有限公司和日本东芝公司合作研制 1100kV GIS 用于晋东南变电站，沈阳新东北电气集团有限公司和日本 AE Power 公司合作研制 1100kV HGIS 用于南阳变电站，西安西电开关电气有限公司和 ABB 公司合作研制 HGIS 用于荆门变电站，各提供两个断路器间隔。通过国内外制造企业和国家电网公司的通力合作，在短短的三年时间内完成了 1100kV 特高压 GIS 和 HGIS 的研制和供货任务，2008 年 12 月 30 日由河南平高电气股份有限公司提供的 ZF27–1100（L）/Y6300–50、由新东北电气集团有限公司提供的 ZF6–1100（L）/Y6300–50、由西安西电开关电气有限公司提供的 ZF17–1100（L）/Y4000–50 正式投入运行，成为世界上正式投入商业运营的 1100kV GIS 和 HGIS。为了适当 1000kV 系统发展的需要，在完成 50kV 断路器的研制之后，三个公司继续进行了 1100kV、6300A、63kA 产品的研制，通过技术升级，于 2010 年先后研制成功 63kA 额定短路开断电流、6300A 额定电流的升级产品，并用于 2011 年 12 月 16 日投运的晋东南—南阳—荆门的扩建工程中。

通过多年的不断努力和进取，我国 GIS 的制造水平和运行水平已经跨入世界先进水平的行列，尤其是 800kV 和 1100kV GIS 的制造水平和运行水平已处于世界领先地位。

二、GIS、HGIS 和 AIS 的比较

采用 SF_6 气体绝缘金属封闭开关设备的变电站与采用空气绝缘的变电站相比，即 GIS 和 AIS 相比，GIS 的优缺点如下：

1. 优点

（1）由于采用了一定压力的 SF_6 气体作为绝缘介质，其结构紧凑，占地面积少，体积小。252kV 及以下，GIS 的占地面积约为 AIS 的 10%，而 363kV 及以上 GIS 的占地面积约为 AIS 的 5%，电压等级越高，节省的面积越多。一般来说，GIS 的占地面积为 AIS 的 1/15～1/10，所以它更适合于城网变电站或水电厂变电站、地下变电站。

（2）GIS 除进出线套管外，由于是全封闭，所以受大气条件和环境条件的影响小，因此更适合于沿海盐雾地区，化工、水泥、矿山等重污秽地区，大气条件恶劣及高海拔地区。

（3）GIS 均采用运输单元或整间隔运输至变电站，其安装调试时间要比 AIS 的安装调试时间短。

（4）GIS 对周围环境的影响比 AIS 小得多，电压等级越高其优越性越明显。但是若采用架空线作为变电站的进出线，其优越性可能会有所减弱。

（5）正常运行维护工作量少。

2. 缺点

（1）要求工厂的厂房条件、加工装备、试验室和试验设备的水平高，并应具备 SF_6 气体的检测、化验、储存、回收和处理等一系列生产 SF_6 气体绝缘开关设备所需的必要条件。为此生产 GIS 的工厂必须进行较大的资金投入。

（2）GIS 的生产过程需要进行非常严格的质量控制，尤其对组装和检验人员的技术素质要求高。

（3）GIS 易发生内部闪络和放电故障，而且一旦发生绝缘故障，其所需的检查和检修时间要比 AIS 长得多，而且修复后还需进行耐压试验。

（4）GIS 生产厂之间的产品互换性很差，这为设备的检修、零部件的更换，以及扩建工程的选型造成一些麻烦。

（5）为了保证运行人员的人身安全和设备安全，超高压和特高压 GIS 可能需要设有专用的辅助地网，以确保在故障条件下外壳上的感应电压及跨步电压满足接地标准的要求。

（6）GIS 的制造难度大、成本高，其产品价格以及变电站的施工费用、试验费用要远远高于 AIS。

经过几十年的不断研究、改进和开发，GIS 所用断路器已经从多断口变为少断口和单断口，灭弧室既有配用液压机构的压气式，也有配用弹簧操动机构的自能式；所用隔离开关和接地开关已有三工位式小型化结构；GIS 可以装用光电式电流/电压互感器和多种传感器，使用轻型铝合金外壳和复合绝缘套管，这些为 GIS 的轻型化和智能化创造了条件。模块化和小型化的结构设计，使 126kV GIS 实现了全三相共箱和整体运输，252kV 及以下 GIS 可以整间隔运输等，GIS 的优越性越来越明显。但是，GIS 及其在高压电器部件上所取得的技术进步并没有给变电站的设计和布置带来明显的变化，变电站的设计仍然遵循着两种模式，或是传统的 AIS，或是 GIS。想省钱，用 AIS，但是占地面积太大；想省地，用 GIS，但是费用又太高，设计部门和运行部门经常在这两种模式之间进行困难的选择。为此，电力部门希望能有一种既能省钱又能省地，而价格又适中的高压开关成套设备，以满足城乡电网的不断发展，尤其是超高压和特高压变电站建设的需要。

为了适应电力系统的需要，尤其是为了适应超高压变电站建设和城网变电站改扩建的需要，在 21 世纪初，世界上一些 GIS 的生产厂家陆续推出一种新型户外 SF_6 气体绝缘金属封闭式组合电器，这种新型封闭组合电器是以 SF_6 气体绝缘金属封闭开关设备 GIS 的制造技术为基础，以 SF_6 断路器为核心，将断路器、隔离开关、接地开关、电流互感器等组合在一个气体封闭的金属罐内，各主要元件的 SF_6 气体相互隔离，通过 SF_6 气体绝缘套管与变电站的敞开式空气绝缘架空母线相连。根据变电站的需要可以组合成单母线、双母线和 $1\frac{1}{2}$ 等各种型式的主接线。这些新型组合电器除日本公司采用钢外壳外，其他公司（如西门子公司、阿尔斯通公司和 ABB 公司）均采用铝合金外壳。这些产品根据用户的需要，可以装用电磁式电流和电压互感器，也可以选用可以实现数字化和智能化的数字式光电电流和电压互感器以及不同用途的传感器；可以使用瓷套管，也可以使用复合绝缘套管。这种新型 SF_6 气体绝缘金属封闭组合电器是处于户外空气绝缘开关设备 AIS 和户外 SF_6 气体绝缘开关设备 GIS 中间的一种高压开关设备，也就是一种不含气体绝缘封闭母线，或者不含气体绝缘母线、避雷器和电磁式电压互感器的 GIS，西门子公司公司称之为 HIS、三菱公司称之为 MITS、阿尔斯通公司称之为 GIM。由这种新型组合方式组成的开关设备，实际上就是一种既有 SF_6 气体绝缘，也有空气绝缘的混合绝缘开关设备，我们统称为 HGIS，即 hybrid gas-insulated metal-enclosed switchgear。

HGIS 比 GIS 简单，它没有气体绝缘封闭母线，一般也没有气体绝缘的避雷器和电压互感器，这样既可以降低造价，又能够减少内部放电的概率，提高电气可靠性。虽然

HGIS 的占地面积比 GIS 大，但是比 AIS 小得多，约为 AIS 的 60%，并且充分利用了电气设备的上层空间。综合比较，HGIS 具有很高的性价比，可以满足设计和运行部门要求的既省钱又省地、既简单又灵活（单相、模块化单元）、既可靠又经济的愿望。更重要的是，这些组合电器可以配用一系列高新技术的元件，尤其是数字化和智能化以及在线监测技术的应用，不但可以满足变电站智能化和电力系统自动化的要求，而且一次和二次设备一体化就地布置为变电站的设计和建设带来了一种全新的理念。因此，以 GIS 制造技术为基础，同时采用一系列高新技术的新型、户外、单相、封闭式 SF_6 气体绝缘组合电器，代表了今后高压特别是超高压和特高开关设备的发展方向，并会广泛地应用到电网的建设中。

图 1–1～图 1–3 分别为我国 1000kV 特高压试验示范工程晋东南 GIS、南阳 HGIS 和荆门 HGIS 变电站的照片和内部元件的布置图。

(a)

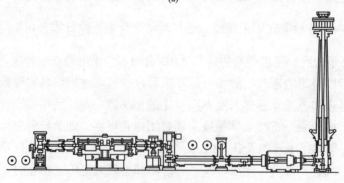

(b)

图 1–1　晋东南 1000kV 变电站用 ZF27–1100 型 GIS

（a）GIS 变电站；（b）GIS 设计布置图

(a)

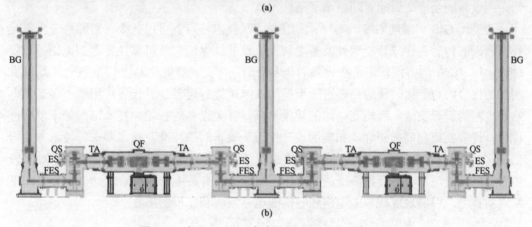

(b)

图 1-2 南阳 1000kV 变电站用 ZF6-1100 型 HGIS

（a）HGIS 变电站；（b）HGIS 设计布置图

BG—套管；QS—隔离开关；ES—接地开关；QF—断路器；FES—快速接地开关；TA—电流互感器

(a)

(b)

图 1-3 荆门 1000kV 变电站用 ZF17-1100 型 HGIS

（a）HGIS 变电站；（b）HGIS 三维设计布置图

三、GIS 的智能化

GIS 的智能化是实现变电站智能化的基础。智能化的 GIS 是由 GIS 中相关功能元件，如断路器、隔离开关、接地开关、避雷器、母线、套管等与相关智能综合组件构成的有机结合体。智能化 GIS 的设备本体内嵌入智能传感单元和智能组件，使一次设备的相关元件具有了测量、控制、状态监测、故障诊断和保护功能，与二次回路之间的连接均通过串行光纤总线接到控制箱中，减少了传统硬接线的使用。每只光电互感器均配备了传感器和执行器处理的电子接口，其任务就是 A/D 转换、测量信号的预处理、通过总线以及经过串接总线执行控制和保护命令。智能化 GIS 中电子式互感器的应用，解决了传统电磁式互感器的饱和、铁磁谐振等问题；光纤替代了大量的二次控制电缆，增强了抗干扰性能；对设备的运行状态进行实时监测，通过故障诊断技术可实现设备的状态检修，为设备的全寿命周期管理创造了条件。

智能化 GIS 比常规 GIS 具有一系列优势，从技术特点上可以认为，如果 GIS 内部元件上嵌入的传感元件或智能组件及整个智能系统能够保证它的可靠性，那么无论是在安装、运行、维护等方面，还是在设备的全寿命周期方面，智能化 GIS 比常规 GIS 均具有明显的优势。智能化的目的是要进一步提高 GIS 的运行可靠性、设备可用率，保证变电站和电网的运行安全。智能变电站的建设和高压开关设备的智能化技术，尚处于发展过程中，许多新问题尚需研究，相应的设计规范、设备制造标准及技术要求、技术方案等仍在实践中不断探索。GIS 的智能化也应在实践中不断地进行深入研究，在保证 GIS 设备本身的运行可靠性不会被降低的基础上，科学地、有条不紊地将 GIS 的智能化工作不断向前推进，以满足现代智能电网和智能变电站发展和建设的需要。

第二章

气体绝缘金属封闭开关设备的接线方式与技术参数

第一节　GIS 的 分 类

GIS 一般按照结构型式、绝缘介质和使用环境进行分类。

一、按结构型式分类

GIS 按照内部结构型式的不同可分为三相共箱式、三相分箱式和三相主母线共箱而其余元件为三相分箱式三种型式。

三相共箱式 GIS 是将三相主回路元件装在一个共用的箱体内，通过环氧浇注盆式绝缘子（隔板）将 GIS 分成不同的隔室。三相共箱式 GIS 的结构紧凑，占地面积小，便于现场安装，密封面少。但由于三相共箱，相间相互影响较大，增加了设计难度，因此，三相导体的布置和电场设计非常重要。三相共箱式 GIS 主要应用在 126kV 及以下电压等级的 GIS 中。图 2-1 为一正在运行的 126kV 三相共箱式 GIS。

三相分箱式 GIS 是将三相主回路元件按相分装在三个各自独立的箱体内，三相之间互不干扰，一相发生故障不会影响到另外两相。三相分箱式 GIS 占地面积比三相共箱式大，而且外壳上感应电流引起的损耗也大，但受制造条件限制，在超、特高压 GIS 中仍采用三相分箱式结构。图 2-2 为一正在运行的 550kV 三相分箱式 GIS。

介于三相共箱和三相分箱之间的

图 2-1　126kV 三相共箱式 GIS

结构型式是主母线为三相共箱，而其余部分是三相分箱。这种结构主要应用在 252kV 及 363kV 电压等级的 GIS 中。因为母线电场的均匀度更容易解决，这样就能减少一定的造价和节约一些占地面积。图 2-3 为一正在运行的 252kV 主母线三相共箱其余部分三相分箱式 GIS。

图 2-2　550kV 三相分箱式 GIS

图 2-3　252kV 主母线三相共箱

其余部分三相分箱式 GIS

二、按不同绝缘介质的组合分类

GIS 按主回路元件采用不同的绝缘介质组合可分为两类。一类是所有主回路元件全部采用 SF_6 气体绝缘，这就是我们通常所说的 GIS；另一类则是将 GIS 中的一部分主回路元件采用空气绝缘的敞开式设备。例如，将主母线设计为架空母线，电压互感器和避雷器采用敞开式设备，而断路器、隔离开关、接地开关、电流互感器等仍为 SF_6 气体绝缘的金属封闭设备。图 2-4 为一正在运行的 252kV HGIS。

图 2-4　252kV HGIS

HGIS 可以充分利用 GIS 的上部空间，降低变电站的造价。它的占地面积比 GIS 大，但比全用敞开式设备的变电站要小好多，而主要元件又保持了 GIS 的基本特点，在一定程度上增加了变电站的电气运行可靠性。目前，HGIS 已经广泛应用在不同的电压等级中，1000kV 南阳变电站和 1000kV 荆门变电站就采用了 HGIS。

三、按使用环境分类

GIS 按使用的环境可分为户内式和户外式两类。户内式 GIS 受外界环境条件影响小，对其外壳、箱体或其他裸露部分的环境要求较为简单。户外式 GIS 为了适应外部自然环境的影响，对其防水、防冰冻、防腐蚀、防尘沙，尤其是应对高、低温等方面的要求要比户内式高得多，有些必须采用特殊应对技术措施，以保证其运行可靠性。户外式 GIS 可以用于户内，但户内式 GIS 不能用于户外。

第二节　GIS 的 基 本 结 构

根据实际工程的需要，GIS 的组成元件、接线方式、布置形式和功能可能多种多样，但其基本结构一般由断路器、隔离开关、接地开关、电流互感器、电压互感器、避雷器、母线、出线连接元件等一次元件组合而成，同时还包括 SF_6 气体监控、带电显示、接地连接，以及由二次回路及其控制保护元件、测量仪表等组成的汇控柜。

一、基本组成元件

组成 GIS 的基本元件是断路器、隔离开关、接地开关、母线、电流互感器、电压互感器、避雷器、出线连接元件及其支架、盆式绝缘子。

1. 断路器

断路器的作用是对电力系统和设备进行控制与保护，既可切合空载线路和设备，也可合分和承载正常的负荷电流，能在规定的时间内承载、关合及开断规定的短路电流以使电网正常运行。GIS 配用的断路器主要是 SF_6 罐式断路器，除了没有进出线套管外，同常规的 SF_6 罐式断路器一样，由灭弧室、支撑绝缘件、机械传动杆件、壳体和操动机构等部分组成。灭弧室是断路器的核心元件，在熄弧原理上有压气式、自能式、压气与自能混合的自适应式几种。操动机构作为断路器分合闸操作的动力源，GIS 用断路器配用的操动机构主要有弹簧操动机构、液压操动机构和气动弹簧操动机构。

GIS 用断路器按照箱体结构分为三相共箱式（见图 2-5）和三相分箱式；根据布置方式一般单断口可以立式布置或卧式布置（见图 2-6 和图 2-7），多断口一般为卧式布置（见图 2-8 和图 2-9）。

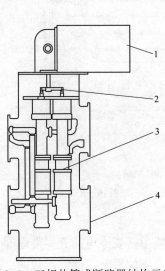

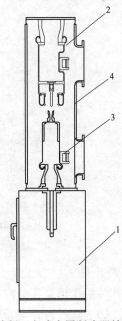

图 2-5　三相共箱式断路器结构示意图　　　　图 2-6　单断口立式布置断路器结构示意图

1—操动机构；2—绝缘拉杆；3—灭弧室；4—外壳　　　1—操动机构；2—灭弧室；3—引出导体；4—外壳

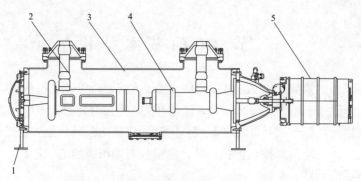

图 2-7 单断口卧式布置断路器结构示意图

1—支撑；2—引出导体；3—外壳；4—灭弧室；5—操动机构

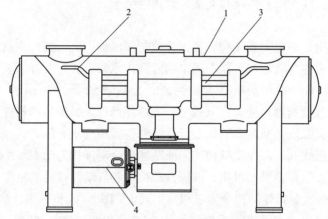

图 2-8 双断口卧式布置断路器结构示意图

1—外壳；2—引出导体；3—灭弧室；4—操动机构

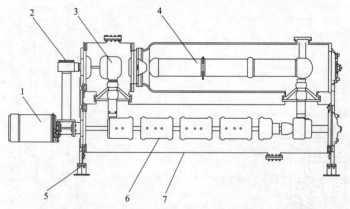

图 2-9 四断口带合闸电阻卧式布置断路器结构示意图

1—操动机构；2—连接机构；3—电阻开关；4—合闸电阻；5—支撑；6—灭弧室；7—外壳

2. 隔离开关

隔离开关的作用是在分闸位置时将高压配电装置中需要停电部分与带电部分可靠地隔离，保证触头间有符合规定要求的绝缘距离；在合闸位置时，能够承载额定的负荷电流或在规定的时间内规定的短路电流，能够开合母线转换电流和母线充电电流。

GIS 用隔离开关包括隔离开关本体及其操动机构两大部分，动触头、静触头等所有带电部件均安装在金属壳体中，操动机构输出轴与隔离开关操作轴连接，通过绝缘拉杆、传动系统使动触头运动，实现隔离开关的合、分操作。GIS 用隔离开关配用的操动机构主要有电动机操动机构、弹簧操动机构和气动操动机构。

根据 GIS 布置的需要，常规 GIS 用隔离开关主要有直角形和直线形两种结构形式。直角形隔离开关载流回路成 90°，图 2-10 给出了三相共箱式直角形隔离开关结构示意图，图 2-11 给出了分相式直角形隔离开关结构示意图。直线形隔离开关载流回路呈直线，图 2-12 给出了三相共箱式直线形隔离开关结构示意图，图 2-13 给出了分相式直线形隔离开关结构示意图。

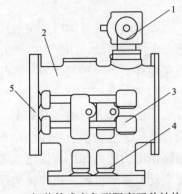

图 2-10　三相共箱式直角形隔离开关结构示意图
1—接地开关；2—外壳；3—隔离开关动侧触头；
4—隔离开关静侧触头；5—绝缘子

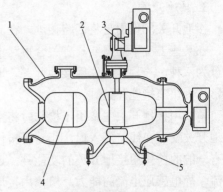

图 2-11　分相式直角形隔离开关结构示意图
1—外壳；2—隔离开关动侧触头；3—接地开关；
4—隔离开关静侧触头；5—绝缘子

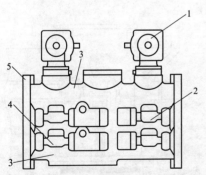

图 2-12　三相共箱式直线形隔离开关结构示意图
1—接地开关；2—隔离开关静侧触头；3—外壳；
4—隔离开关动侧触头；5—绝缘子

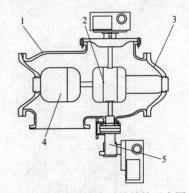

图 2-13　分相式直线形隔离开关结构示意图
1—外壳；2—隔离开关动侧触头；3—绝缘子；
4—隔离开关静侧触头；5—接地开关

由于 GIS 的结构特点，GIS 中的隔离开关在开合母线过程中容易引起操作过电压，由于这种过电压振荡频率很高，到达峰值的时间很短，符合 GB 311.1—2012《绝缘配合 第 1 部分：定义、原则和规划》定义的特快波前过电压（VFFO），通常称为特快速瞬态过电压（VFTO）。VFTO 对设备造成的危害有以下几个方面：

（1）较高的过电压对 GIS 自身绝缘的损害（造成盆式绝缘子闪络或 SF_6 间隙击穿等）；

（2）引起 GIS 壳体瞬态电位（TEV）升高，可能造成与壳体相连的监测、控制和保护设备损坏；

（3）具有非常高的幅值和频率，引起 GIS 壳体外很强的瞬态电磁辐射，影响附件控制和保护设备的正常运行；

（4）可能损害与 GIS 相连接的变压器、电压互感器，造成这类设备绕组的匝间绝缘击穿。

随着电压等级的提高，这种危害性越来越大，为了抑制这种过电压，一些隔离开关设计有阻尼电阻，隔离开关在分合闸过程中串入阻尼电阻。图 2-14 示出了一种带有阻尼电阻的隔离开关结构示意图。

3. 接地开关

接地开关的作用是将回路接地，在异常条件下，可以承载规定时间内规定的短路电流，在某些工况下还需要具有关合短路电流或开合感应电流的功能。GIS 用接地开关一般分为两种，一种是检修用接地开关，通常称为检修接地开关；一种是故障接地开关，通常称为快速接地开关。

检修用接地开关主要用于检修时将主回路接地，以保证检修人员的人身安全。快速接地开关安装在线路侧入口，相对于检修用接地开关分合闸速度较快。快速接地开关除具有一般的检修用接地开关的功能外，还具备关合短路电流的能力和切合线路电磁感应电流、静电感应电流的能力。检修用接地开关通常配电动机操动机构，快速接地开关通常配弹簧操动机构。

GIS 用接地开关可以与隔离开关组合，也可与母线组合。图 2-15 为接地开关结构示意图。

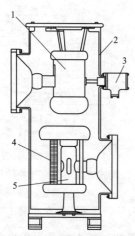

图 2-14　带阻尼电阻的隔离开关结构示意图

1—隔离开关动侧触头；2—外壳；3—接地开关；

4—阻尼电阻；5—隔离开关静侧触头

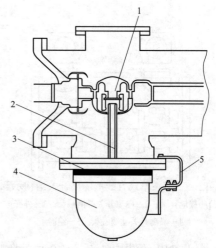

图 2-15　接地开关结构示意图

1—静触头；2—动触头；3—绝缘法兰；

4—外壳；5—接地线

GIS 用接地开关可以带绝缘法兰或不带绝缘法兰。当接地开关壳体与 GIS 壳体之间有绝缘法兰时，拆除接地线，在接地开关合闸后，主回路与大地隔离，可以进行主回路电阻的测量和断路器机械特性的检测等试验。

当 GIS 的接地开关与隔离开关组合在一起并共用一台操动机构时，称为三工位隔离接地开关，简称三工位开关。三工位开关自身具备了隔离开关和接地开关间的机械连锁，三工位开关中的接地开关只能作为检修接用地开关使用。图 2-16 为共箱式三工位隔离接地开关结构示意图，图 2-17 为分箱式三工位隔离接地开关结构示意图。

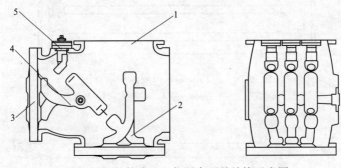

图 2-16　共箱式三工位隔离开关结构示意图

1—外壳；2—隔离开关静侧触头；3—绝缘子；4—隔离开关动侧触头；5—接地侧触头

4. 母线

GIS 中的母线将各功能部件连接在一起，起着汇集与分配电能的作用。没有特殊说明时，GIS 的母线是指气体绝缘封闭母线，按照所处的位置分为主母线和分支母线。按照习惯，把 GIS 设备中承担电流汇集的母线称为主母线，把承担电流送出或送入的母线称为分支母线。GIS 的母线有三极同在一个接地金属壳体的三相共箱结构和各相独立安装于壳体中的分箱式结构。GIS 的母线用盆式绝缘子

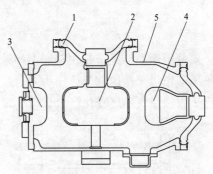

图 2-17　分箱式三工位隔离开关结构示意图

1—绝缘子；2—隔离开关动侧触头；3—接地侧触头；
4—隔离开关静侧触头；5—外壳

或支持绝缘子支撑导体。导体之间的过渡采用插接式结构，插入触头多采用弹簧触头、表带触头、梅花触头等结构形式，插接式结构能够补偿导体组装的尺寸偏差及热胀冷缩变形。当母线较长时，为补偿壳体的尺寸偏差、基础沉降和温度变化引起的热胀冷缩变形，作为母线外壳的一部分，在适当的位置还加装有伸缩节。

目前国内的 72.5~126kV GIS 主母线和分支母线大多采用三相共箱式结构；252~363kV GIS 的主母线一般采用三相共箱式结构，分支母线均采用三相分箱式结构；550kV 及以上电压等级 GIS 的主母线和分支母线全部采用三相分箱式结构。

三相共箱式母线结构示意图如图 2-18 所示，分箱式单相母线结构示意图如图 2-19 所示。

伸缩节是 GIS 中的一个重要部件，它利用波纹管的弹性变形补偿安装时或热胀冷缩等原因引起的 GIS 母线尺寸的变化。主要有普通型伸缩节、碟簧平衡型伸缩节、自平衡型伸缩节和径向补偿型伸缩节等几种。

普通型伸缩节在轴向和径向均具有一定补偿作用，但补偿量小，被广泛用于产品安装尺寸偏差的补偿，可以作为 GIS 设备检修时的解体单元，也可以用在母线长度较短、环境温差变化不大的 GIS 设备中吸收壳体的变形。其结构示意图如图 2-20 所示。

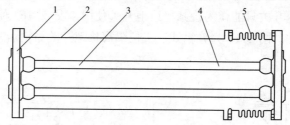

图 2-18　三相共箱式母线结构示意图

1—绝缘子；2—外壳；3—导体；4—触头；5—伸缩节

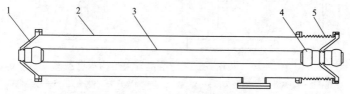

图 2-19　分箱式单相母线结构示意图

1—绝缘子；2—外壳；3—导体；4—触头；5—伸缩节

碟簧平衡型伸缩节是在普通型伸缩节的基础上再增加几组碟形弹簧，依靠碟形弹簧的预压缩作用平衡内部气体压力对母线轴向的推力，具有较大的轴向尺寸补偿作用，主要用于周围空气温度变化较大、母线较长的 GIS 设备中。其结构示意图如图 2-21 所示。

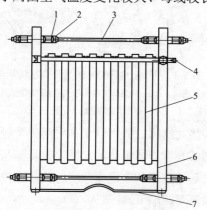
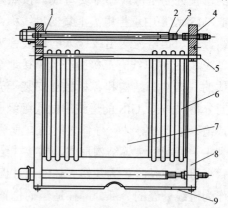

图 2-20　普通型伸缩节结构示意图　　　图 2-21　碟簧平衡型伸缩节结构示意图

1—螺母；2—薄螺母；3—拉杆；4—刻度尺；　　1—碟簧组；2—螺母；3—薄螺母；4—拉杆；

5—波纹管；6—法兰；7—接地连线　　　　　5—刻度尺；6—波纹管；7—接管；8—法兰；9—接地连线

自平衡型伸缩节采用多个不同规格的波纹管进行组合，达到内部壳体机械应力与气体压力的平衡，作用与碟簧平衡型伸缩节相同，具有较大的轴向补偿作用，主要用于温度变化较大、母线较长的 GIS 设备中。其结构示意图如图 2-22 所示。

径向补偿型伸缩节利用两端波纹管有限的角位移与中间直连壳体相配合，实现径向较大尺寸的补偿。其结构示意图如图 2-23 所示。

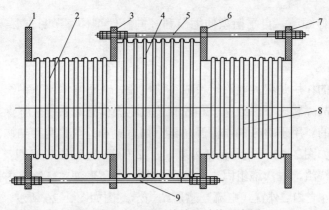

图 2-22　自平衡型伸缩节结构示意图

1—法兰 A；2—波纹管 A；3—法兰 B；4—波纹管 B；5—拉杆 A；6—法兰 C；7—法兰 D；8—波纹管 C；9—拉杆 B

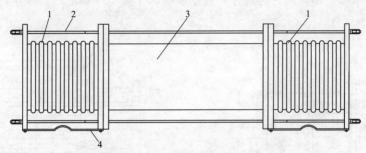

图 2-23　径向补偿型伸缩节结构示意图

1—普通型伸缩节；2—拉杆；3—壳体；4—接地连线

工程中径向补偿型伸缩节与母线壳体轴向呈垂直布置。在许多大型 GIS 工程中，还经常利用两组径向补偿型伸缩节进行配合，形成具有更大轴向尺寸补偿的补偿单元。其工程布置示意图如图 2-24 所示。

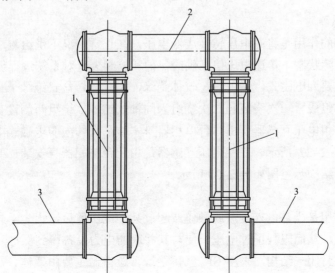

图 2-24　径向补偿型伸缩节工程布置示意图

1—径向补偿型伸缩节；2—连接壳体；3—母线壳体

碟簧平衡型伸缩节、自平衡型伸缩节和径向补偿型伸缩节目前只用于 550kV 以上 GIS 产品中。

5. 电流互感器

电流互感器的作用是将大电流转换成小值电流，在正常情况下供给测量仪器、仪表作为计量用，在故障状态下供给保护和控制装置电流信息对系统进行保护，一般测量级与保护级是分开的。用于 GIS 的电流互感器有内置式和外置式两种结构，内置式电流互感器结构示意图如图 2-25 所示，包括外壳、内部屏蔽、环形铁芯线圈及二次端子箱，内部导体作为一次绕组，二次绕组固定在环形铁芯上，环形铁芯环绕有内部屏蔽，封闭在充有 SF_6 气体的外壳内。外置式电流互感器结构示意图如图 2-26 所示，相对于内置式互感器环形铁芯线圈在 SF_6 气室外部，由金属外壳保护，以免受外界影响。金属外壳用导流铜排短接，承载壳体环流。环绕铁芯线圈的壳体上装有绝缘板，可防止形成环流在铁芯内流过。

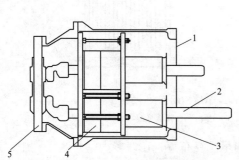

图 2-25　共箱内置式电流互感器结构示意图
1—外壳；2—导体；3—内部屏蔽；4—线圈；5—绝缘子

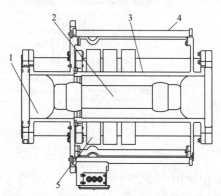

图 2-26　单相外置式电流互感器结构示意图
1—绝缘子；2—导体；3—内衬壳体；4—外罩；5—线圈

6. 电压互感器

电压互感器的作用是将高电压转换成低电压，在正常情况下供给测量仪器、仪表作为计量用，在故障状态下传递电压信息供给保护和控制装置对系统进行保护。GIS 用电压互感器目前主要为电磁式，采用 SF_6 气体绝缘，由壳体、盆式绝缘子、一次绕组、二次绕组、铁芯等组成。一次绕组和二次绕组为同轴式结构，绕组两侧设有屏蔽板，使场强分布均匀。单相电压互感器是由一台单相器身安装在壳体内的电磁式电压互感器，其结构示意图如图 2-27 所示。三相电压互感器是由三台单相器身安装在躯壳内的电磁式电压互感器，其结构示意图如图 2-28 所示。

7. 避雷器

避雷器的作用是当雷电入侵波或操作波超过某一电压值后，优先于与其并联的被保护电力设备放电，从而限制了过电压，使与其并联的电力设备得到保护。GIS 用避雷器为罐式氧化锌型封闭式结构，采用 SF_6 气体绝缘，避雷器主要由罐体、盆式绝缘子、安装底座及芯体等部分组成，芯体是由氧化锌电阻片作为主要元件，它具有良好的伏安特性和较大的通流容量。单相避雷器结构示意图如图 2-29 所示，三相避雷器结构示意图如

图 2-30 所示。

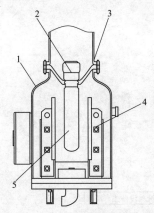

图 2-27　单相电压互感器结构示意图

1—外壳；2—导体；3—绝缘子；4—内屏蔽；5—绕组

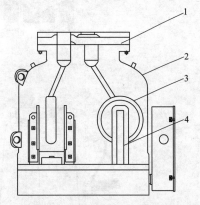

图 2-28　三相电压互感器结构示意图

1—绝缘子；2—外壳；3—绕组；4—内屏蔽

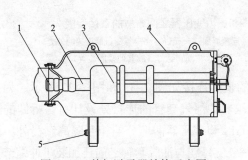

图 2-29　单相避雷器结构示意图

1—绝缘子；2—连接导体；3—氧化锌组件；4—外壳；5—支架

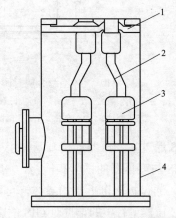

图 2-30　三相避雷器结构示意图

1—绝缘子；2—连接导体；3—氧化锌组件；4—外壳

8. 出线连接元件

GIS 与变压器之间有 3 种连接方式，即直接连接、电缆连接和架空线连接。

GIS 与电力变压器之间的直接连接就是 GIS 通过一端浸在变压器的油中，另一端处于 GIS 的 SF_6 绝缘气体中的完全浸入式套管进行的连接。所谓完全浸入式套管就是两端均浸入在周围空气以外的绝缘介质中的套管，如浸在绝缘油或绝缘气体中。图 2-31 为 GIS 与电力变压器之间直接连接的示意图。图中将变压器生产厂家和开关设备生产厂家分工界面进行了标示，虚线之内为变压器生产厂家供货部分，虚线之外为开关设备生产厂家的供货部分。由图中可知，完全浸入式套管由变压器生产厂家提供，开关设备生产厂家负责提供与套管连接的主回路末端和与变压器箱体连接的套管部分的外壳和密封件。对于 GIS 与电力变压器之间的直接连线装置在 GB/T 22382—2008《额定电压 72.5kV 及以上气体绝缘金属封闭开关设备与电力变压器之间的直接连接》中有明确的技术要求。

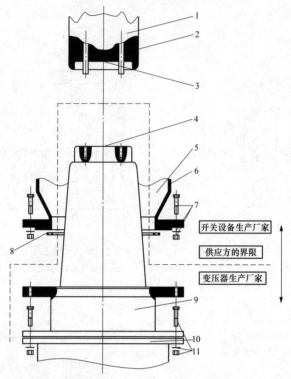

图 2—31 气体绝缘金属封闭开关设备和电力变压器之间典型的直接连接

1—主回路末端；2、7—螺钉、垫圈和螺母；3、4—连接界面；5—气体；6—与变压器连接的外壳；

8—密封垫；9—套管；10—变压器箱体；11—螺钉、垫圈和螺母（或其他紧固装置）

GIS 通过主变压器连接套管与主变压器的直接连接如图 2—32 和图 2—33 所示，为了便于 GIS 与变压器的试验和检修，GIS 与变压器的油气套管的连接处设计有可拆卸的过渡连接，通过拆除可拆卸的导体，可以实现 GIS 和变压器两部分的相互隔离。另外，为了减小变压器运行中的谐振对 GIS 的影响，在分支母线与油气套管之间还加装了伸缩节。为了防止 GIS 壳体感应电流汇至变压器，GIS 外壳与变压器油气套管的连接部分应该绝缘。

GIS 与电力变压器的连接，或 GIS 与架空线的连接可以通过电缆进行连接，GIS 与电缆终端的连接可以是充流体的电缆终端，也可以是干式电缆终端。电缆终端就是安装在电缆末端与系统的其他部分保证电气连接并保持直到连接点绝缘的设备。充流体电缆终端是电缆的绝缘与 GIS 的气体绝缘之间有一个隔离绝缘锥的电缆终端，这种电缆终端所包含的绝缘流体是电缆连接装置的一部分。干式电缆终端是含有一个与位于电缆绝缘和 GIS 气体绝缘间的隔离绝缘锥密切接触的电场强度控制元件的电缆终端，这种电缆终端不含任何绝缘流体。图 2—34 为 GIS 与充流体电缆连接的示意图，图中将电缆终端生产厂家和 GIS 生产厂家的分工界面进行了标示，虚线之内由电缆终端生产厂家供货，虚线之外由 GIS 生产厂家供货，GIS 生产厂家负责提供与电缆终端连接的主回路末端与电缆绝缘锥相连接的外壳和密封件。有关 GIS 与电力电缆之间的连接装置在 GB/T 22381—2008《额定电压 72.5kV 及以上气体绝缘金属封闭开关设备与充流体及挤包绝缘电力电缆的连接 充流体及干式电缆终端》中有明确的技术要求。

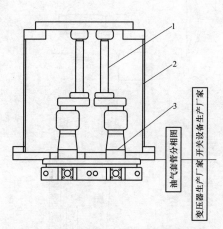

图 2-32　三相共箱式与油气套管的直接连接示意图
1—可拆卸导体；2—外壳；3—油气套管

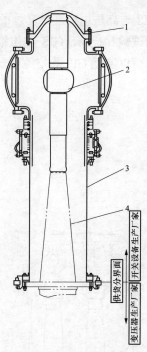

图 2-33　单相与油气套管的直接连接示意图
1—绝缘子；2—可拆卸导体；3—外壳；4—油气套管

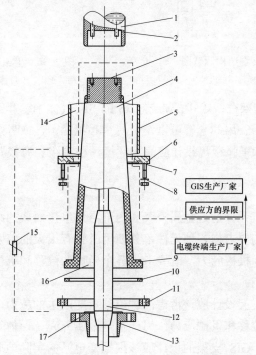

图 2-34　气体绝缘金属封闭开关设备与充流体电缆连接的典型布置
1—主回路末端；2、3—连接界面；4—绝缘锥；5—电缆连接外壳；6—法兰或中间板；7—密封垫；
8—螺栓、垫圈、螺母；9—绝缘锥的法兰或接头；10—中间垫片；11—压紧法兰；12—电场强度控制元件；
13—电缆密封套；14—气体；15—非线性电阻；16—绝缘流体；17—密封垫

GIS 与高压电缆连接套管的结构示意图如图 2-35 和图 2-36 所示。为了方便 GIS 与电缆的试验和检修，GIS 与电缆的连接处设计有可拆卸的过渡连接，通过拆除可拆卸的导体，可以实现 GIS 和电缆两部分的相互隔离。

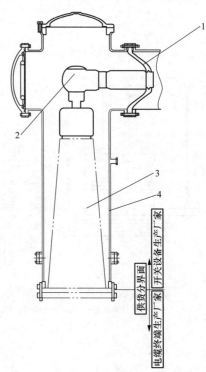

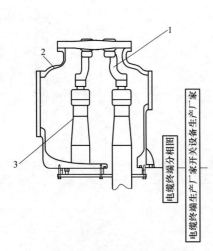

图 2-35　三相电缆终端结构示意图　　　　　图 2-36　单相电缆终端结构示意图

1—可拆卸导体；2—外壳；3—电缆头　　　　1—绝缘子；2—可拆卸导体；3—电缆头；4—外壳

GIS 与主变压器的架空线连接是通过 GIS 的 SF_6 气体绝缘套管和架空线与变压器出线套管进行连接的。GIS 用的套管可以是瓷质空心绝缘子，或者是复合空心绝缘子，套管外绝缘的爬电距离和干弧距离设计应满足环境污秽等级和海拔要求。图 2-37 为套管的结构示意图。

9. 支架

GIS 是由各种电气元件通过金属外壳和内部导体串接而成的组合电器。因此对于各个电气元件的支撑架构要求与各种元件单独使用时将有很大的差别，这些支架必须综合考虑可能产生的位移和机械应力，既要考虑各个元件的位移和机械应力，还要考虑可能对相邻元件带来的影响。

GIS 中各元件的支架设计应该考虑两种位移可能产生的应力，一种是允许的基础不均匀沉降可能带来的位移和机械应力；另一种是金属外壳、导体等金属部件热胀冷缩产生的位移和机械应力。GIS 支架的设计应该根据变电站的实际地质条件、允许的基础变形、设备的布置方式、母线长度和环境温度等设计位移吸收装置（伸缩节）和支架，确保在可能发生的位移后支架不会发生机械变形或损坏，保证各个元件之间的可靠连接和安全运行。

10. 盆式绝缘子

盆式绝缘子是 GIS 中的主要绝缘件，它起到将通有高电压、大电流的金属导电部位与地电位的外壳之间的绝缘隔离、支撑及不同气室的隔离作用。

盆式绝缘子需承受 GIS 导体重量、运动部位的力，设备短路情况下的电动力，以及相邻气室间的气压差形成的机械力等负荷。因此，GIS 用盆式绝缘子不但要满足绝缘性能的要求，还要具有一定的机械强度。

盆式绝缘子主要由中心嵌件（导体）、环氧浇注件（环氧树脂固化体）及金属法兰三部分组成，如图 2–38 所示。受产品具体结构及工艺的限制，有些盆式绝缘子无金属法兰。

盆式绝缘子从结构上分主要有带金属法兰和不带金属法兰两种，从功能上分为隔板（不通气盆式绝缘子）和支撑绝缘子（通气盆式绝缘子）两种。

二、隔室

隔室是组成 GIS 的基本单元，除了相互连接和控制需要打开外全部封闭。为保证 GIS 的安全运行，限制内部故障范围，便于运输、安装和检修，根据元件的功能，综合考虑运输、安装、试验、运行、故障和检修等因素，应用隔板将 GIS 分成若干个隔室。

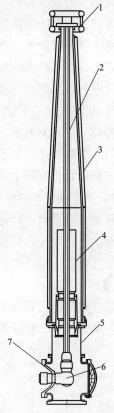

图 2–37　套管结构示意图

1—屏蔽；2—中心导体；3—套管；4—内部屏蔽；
5—壳体；6—导体；7—盆式绝缘子

(a)　　　　　　　　　　(b)

图 2–38　盆式绝缘子的结构
1—中心嵌件；2—环氧浇注件；3—法兰
（a）外形；（b）结构

根据 GIS 配电装置的主接线，隔室的划分应满足：

（1）额定充气压力不同的元件应划分为不同隔室；

（2）间隔内的设备检修时不能影响相邻间隔的正常运行；

（3）内部出现故障时应尽量限制在最小范围；

（4）有电弧分解物的元件应该为单独隔室；

（5）隔室的容量应考虑气体回收装置的容量和作业时间；

（6）考虑到现场耐压试验，对电压互感器、避雷器、电缆、变压器油气套管的连接处需限定开盖作业部位的气体空间；

（7）考虑到小隔室发生漏气而引起绝缘故障，小隔室应相互连通；

（8）隔室的划分还应考虑到与后期扩建的对接。

三、功能单元（间隔）及示例

在 GIS 的主回路和接地回路中担负某一特定功能的基本元件 （如断路器、隔离开关、接地开关、避雷器、互感器、套管和母线等）组合形成各个功能单元（又称间隔），如进线单元、出线单元、母联单元、母线设备单元等。不同工程的 GIS 就是将各个功能单元通过连接母线，按照电力系统主接线的要求组合在一起。

1. 双母线接线的功能单元

双母线接线是电力系统中常见的一种接线方式，以双母线接线方式为例，表 2-1～表 2-4 对电缆进出线、套管进出线、母线联络、母线设备基本功能单元结构进行了介绍。

表 2-1　　　　　　　　126kV GIS 双母线功能单元结构

功能单元主接线	126kV GIS 全三相共箱结构，断路器立式布置，三工位隔离开关
电缆进出线单元	1、2—母线隔离/接地开关；3—断路器；4—电流互感器； 5—线路隔离/接地开关；6—快速接地开关；7—电缆终端

续表

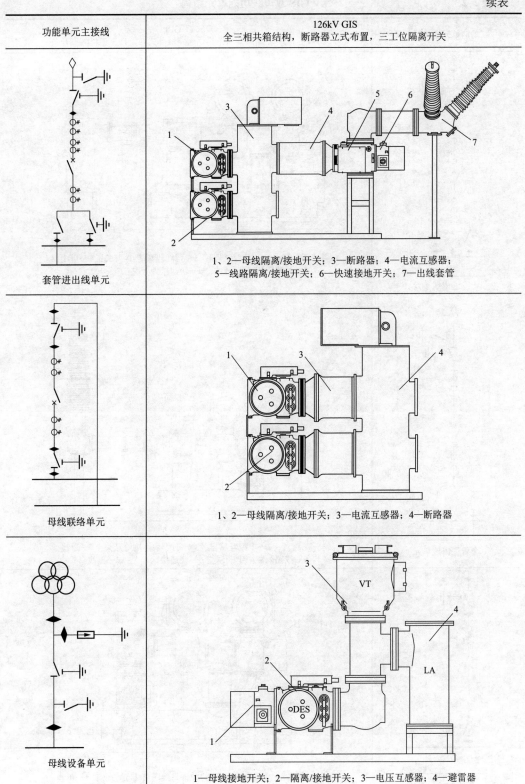

功能单元主接线	126kV GIS 全三相共箱结构，断路器立式布置，三工位隔离开关

套管进出线单元

1、2—母线隔离/接地开关；3—断路器；4—电流互感器；
5—线路隔离/接地开关；6—快速接地开关；7—出线套管

母线联络单元

1、2—母线隔离/接地开关；3—电流互感器；4—断路器

母线设备单元

1—母线接地开关；2—隔离/接地开关；3—电压互感器；4—避雷器

表 2-2   **252kV GIS 双母线功能单元结构**

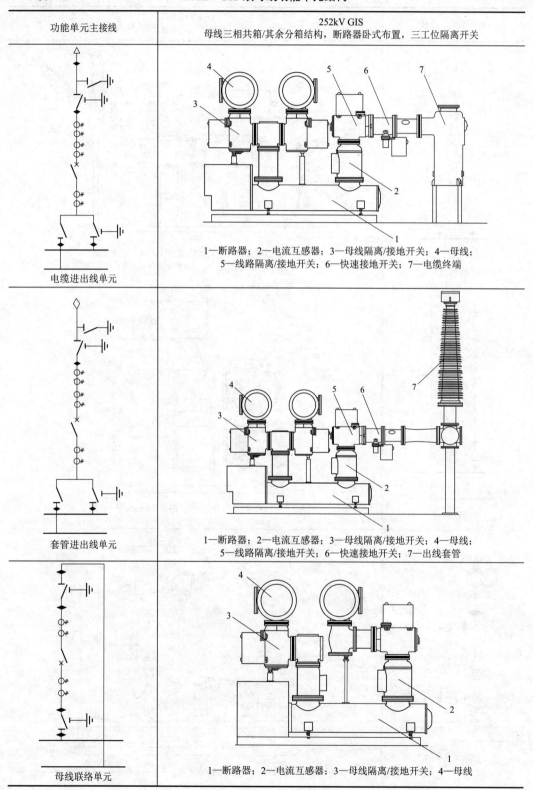

功能单元主接线	252kV GIS 母线三相共箱/其余分箱结构，断路器卧式布置，三工位隔离开关
电缆进出线单元	1—断路器；2—电流互感器；3—母线隔离/接地开关；4—母线； 5—线路隔离/接地开关；6—快速接地开关；7—电缆终端
套管进出线单元	1—断路器；2—电流互感器；3—母线隔离/接地开关；4—母线； 5—线路隔离/接地开关；6—快速接地开关；7—出线套管
母线联络单元	1—断路器；2—电流互感器；3—母线隔离/接地开关；4—母线

续表

功能单元主接线	252kV GIS 母线三相共箱/其余分箱结构,断路器卧式布置,三工位隔离开关
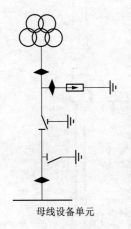 母线设备单元	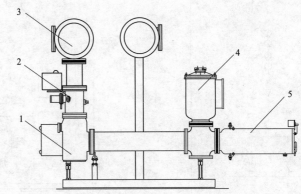 1—隔离/接地开关;2—母线接地开关;3—母线;4—电压互感器;5—避雷器

表 2–3   **363kV GIS 双母线功能单元结构**

功能单元主接线	363kV GIS 母线三相共箱/其余分箱结构,断路器立式布置
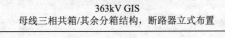 电缆进出线单元	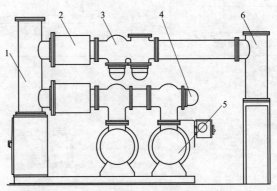 1—断路器;2—电流互感器;3—线路隔离/快速接地开关; 4—母线隔离/接地开关;5—母线;6—电缆终端

续表

功能单元主接线	363kV GIS 母线三相共箱/其余分箱结构，断路器立式布置
套管进出线单元	1—断路器；2—电流互感器；3—线路隔离/快速接地开关； 4—母线隔离、接地开关；5—母线；6—出线套管
母线联络单元	1—断路器；2—电流互感器；3—母线隔离开关；4—接地开关；5—母线
母线设备单元	1—母线接地开关；2—接地开关；3—隔离开关；4—电压互感器；5—避雷器

表 2-4　　　　　　　　　　　　**550kV GIS 双母线功能单元结构**

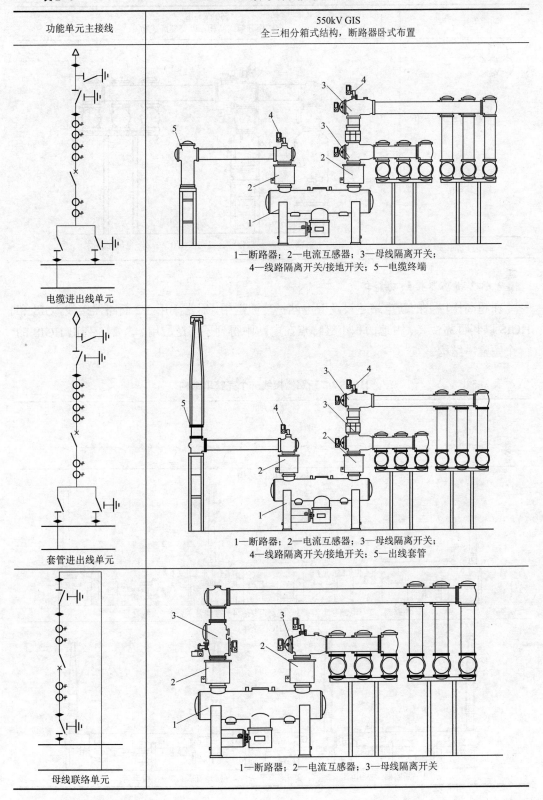

功能单元主接线	550kV GIS 全三相分箱式结构，断路器卧式布置

1—断路器；2—电流互感器；3—母线隔离开关；
4—线路隔离开关/接地开关；5—电缆终端

电缆进出线单元

1—断路器；2—电流互感器；3—母线隔离开关；
4—线路隔离开关/接地开关；5—出线套管

套管进出线单元

1—断路器；2—电流互感器；3—母线隔离开关

母线联络单元

功能单元主接线	550kV GIS 全三相分箱式结构，断路器卧式布置
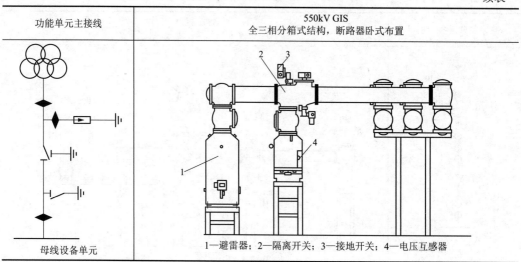 母线设备单元	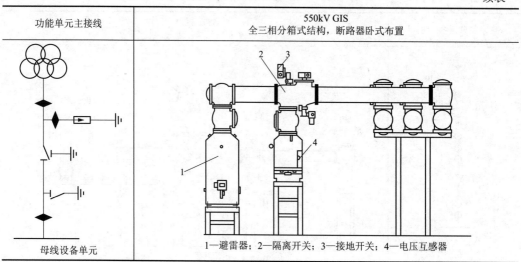 1—避雷器；2—隔离开关；3—接地开关；4—电压互感器

2. 3/2 断路器接线功能单元

在超高压以上的新电站建设及旧电站扩建改造中，通常采用 3/2 断路器接线，GIS 和 HGIS 以其可靠性高、占地面积小等特点在电站中得到了广泛应用。表 2—5 列出 HGIS 的一个完整串结构。

表 2—5   **HGIS 3/2 断路器接线一个完整串结构**

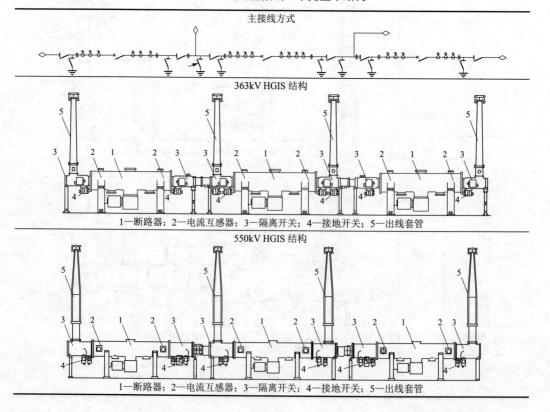

主接线方式

363kV HGIS 结构

1—断路器；2—电流互感器；3—隔离开关；4—接地开关；5—出线套管

550kV HGIS 结构

1—断路器；2—电流互感器；3—隔离开关；4—接地开关；5—出线套管

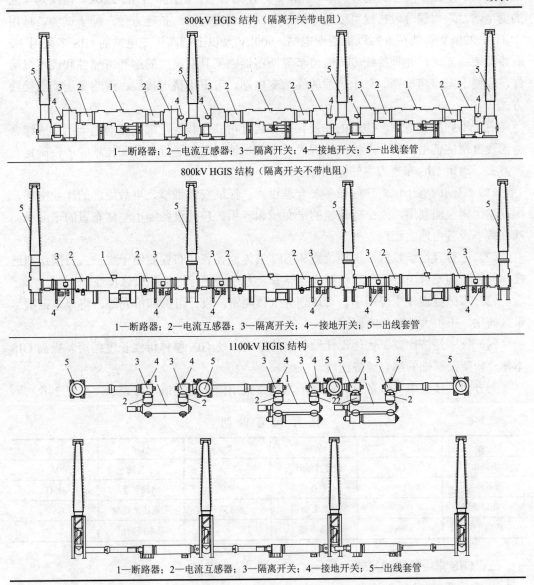

800kV HGIS 结构（隔离开关带电阻）

1—断路器；2—电流互感器；3—隔离开关；4—接地开关；5—出线套管

800kV HGIS 结构（隔离开关不带电阻）

1—断路器；2—电流互感器；3—隔离开关；4—接地开关；5—出线套管

1100kV HGIS 结构

1—断路器；2—电流互感器；3—隔离开关；4—接地开关；5—出线套管

第三节 接线方式和设备布置

一、主接线及布置的基本要求

GIS 变电站电气主接线的设计与常规变电站的设计原则一样，应满足主接线的可靠性、灵活性、经济性。保证发电、供电可靠性是最重要的设计原则，主接线的设计应结合 GIS 的结构特点，既要考虑一次元件的电气性能，还要考虑 SF$_6$ 气体的分隔及发生故障时可能波及的范围；既要满足调度灵活性，也要考虑检修时和扩建时的灵活性。

目前 110kV 和 220kV 大型枢纽变电站的 GIS 多采用单母线分段或双母线分段的接

线方式。单母线分段接线具有简单、经济、方便的特点，适用于110、220kV馈线为4回的变电站。双母线分段接线可以轮流检修母线，调度灵活，扩建方便，便于试验，适用于110、220kV馈线在6回以上的变电站。500kV及以上超高压变电站的GIS多采用3/2断路器接线方式，此种接线方式既可节省断路器，又具有高度的运行可靠性和调度灵活性，还便于操作和检修。对于一般的终端变电站，可采用桥形接线、线路变压器组接线方式。

对于不同的变电站，GIS的布置在确保运行可靠性和运行维护性的基础上，应综合考虑变电站的使用面积、主接线的规模、安装场地情况、运行条件和技术经济性确定布置方案。确定GIS布置方案的原则如下：

（1）空间的缩小化。户内设备要合理设置，保证安装维修、事故处理的作业空间，提高建筑物空间利用，缩小建筑物的平面积和容积。户外设备缩小整体布置的平面积，确保减小设备占地面积。

（2）运行及维护性好。机构位置和SF_6气体监视表计布置要便于维护人员操作和巡视，整体结构要考虑现场安装维护，能够安全方便地进行维护和检修作业。

（3）事故处理停电范围小。合理划分气体隔室，设计可拆卸单元等，将停电范围尽量区间化，不扩大故障影响范围。

（4）技术经济比高。优化设计设备整体结构，使GIS整体母线长度缩短。提高GIS本体、构架及基础的综合经济性能。

为方便主接线中GIS各元件的表示，通常采用简化的英语字母表示，见表2-6。

表2-6 元件代号说明

名称	代号	名称	代号	名称	代号
断路器	QF	快速接地开关	FES	主母线	M
隔离开关	QS	电流互感器	TA	出线套管	BSG
三工位隔离开关	DES	电压互感器	TV	电缆连接终端	CSE
接地开关	ES	避雷器	F	就地控制柜	LCP

二、GIS常用的接线方式

1. 变压器–线路单元接线

各元件直接单独连接，运行简化。但此接线运行灵活性差，变压器故障或检修时，线路停运；线路故障或检修时，变压器停运。变压器–线路单元接线在72.5/126kV GIS中应用，典型主接线图、平面布置及断面图如图2-39和图2-40所示。

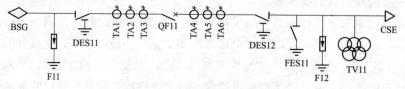

图2-39 变压器–线路主接线图

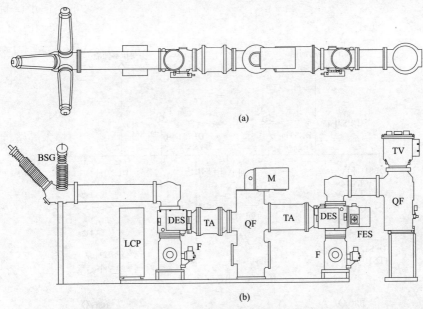

图 2-40　72.5/126kV GIS 变压器–线路平面布置及断面图
(a) 平面布置图；(b) 断面图

2. 桥形接线

两个变压器–线路单元，在其中间加一台断路器连接，就组成桥形接线。桥形接线采用 4 个回路、3 台断路器和 6 台隔离开关，是接线中设备数量较少、投资较省的一种接线方式，但其灵活性和可靠性差。根据桥形断路器的位置，桥形接线又可分为内桥和外桥两种接线方式。由于变压器的可靠性要求远大于线路，因此应用较多的为内桥接线。桥形接线在 72.5/126kV GIS 中采用，典型桥形主接线图见图 2-41，桥形平面布置及断面图如图 2-42 所示。通常在内桥接线基础上加上一组变压器线路单元，使扩建更加灵活方便。

3. 单母线分段接线

单母线接线简单，采用设备少，投资省，但不够灵活可靠，当母线或母线隔离开关故障或检修时，必须断开该母线上的全部电源和出线，这样就降低了系统安全性，并使该段单回路供电的用户停电。在母线中间用一台断路器将母线分为两段，形成单母线分段。一段母线故障时，切断中间的母联断路器，另一段母线正常运行。对于重要用户可以由分别接于不同母线段上的两条线路供电，当一段母线故障时能保证重要用户不停电。母线可分为 2～3 段，段数分得越多，故障时停电范围越小，但使用的断路器数量越多，运行越复杂，费用越高。单母线分段接线在 72.5、126 和 252kV GIS 中较多使用，典型主接线图、平面布置及断面图如图 2-43 和图 2-44 所示。

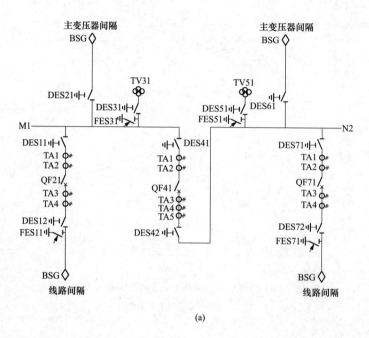

(a)

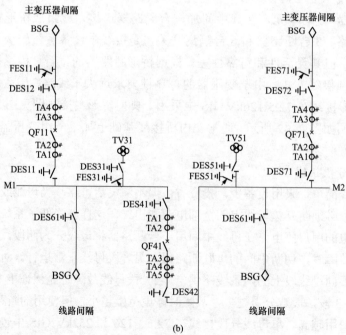

(b)

图 2-41　典型桥形主接线图

（a）内桥主接线；（b）外桥主接线

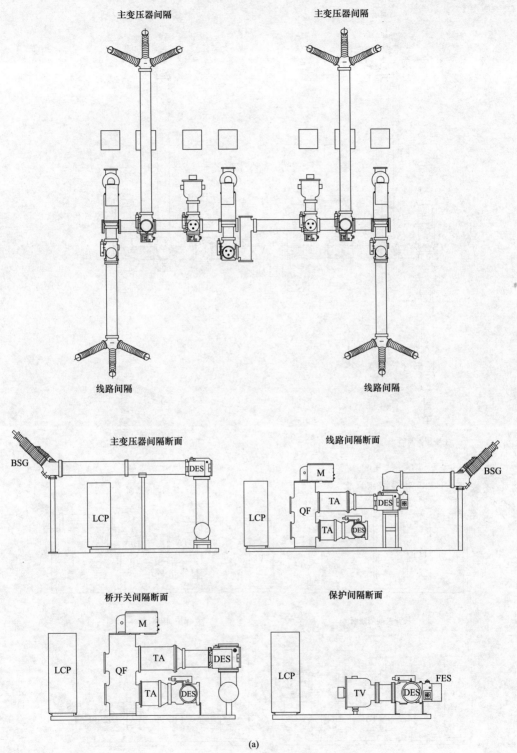

(a)

图 2–42　72.5/126kV GIS 桥形平面布置及断面图（一）

（a）内桥

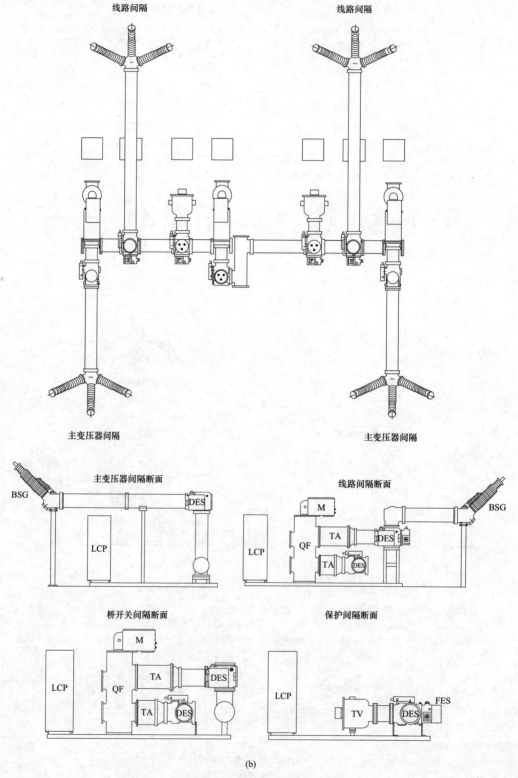

图 2–42 72.5/126kV GIS 桥形平面布置及断面图（二）

（b）外桥

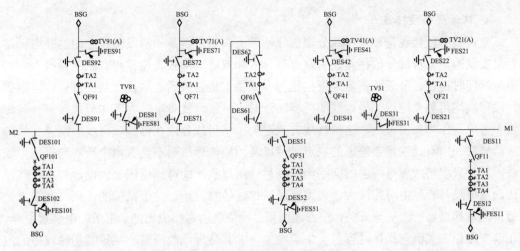

图 2–43 单母线分段主接线图

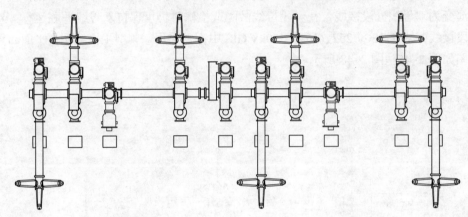

主变压器间隔断面　　　　　　　　　　　线路间隔断面

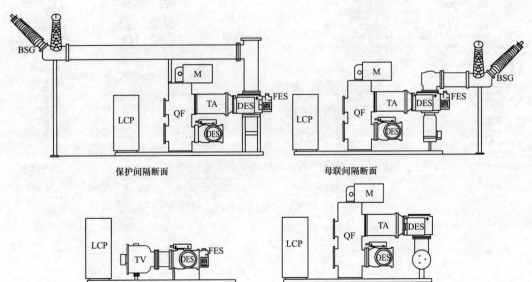

保护间隔断面　　　　　　　　　　　母联间隔断面

图 2–44 72.5/126kV GIS 单母线分段平面布置及断面图

4. 双母线分段接线

双母线分段接线是在单母线分段接线基础上,通过两条和两段母线之间的联络断路器来实现的,双母线分段接线还可以有单分段和双分段形式。通常母联断路器投入,两组母线同时运行。分段断路器则根据运行方式决定是否接通。从设计角度来讲,应做到每段母线均可独立运行。当母联断路器断开时,一条母线带电,为工作母线;另一条母线不带电,作为备用母线。这种接线方式避免了单母线分段在母线或母线隔离开关故障或检修时,所有馈线都要停电的缺点,可以轮流检修母线而不使供电中断。当一组母线故障时,只要将故障母线上的回路倒换到另一组母线,即可迅速恢复供电。与单母线相比,双母线具有供电可靠性大、调度灵活、扩建检修方便、便于试验的优点。其缺点是每一回路都增加一组隔离开关,使占地面积、投资费用都相应增加。由于配电装置复杂,在改变运行方式倒闸操作时容易发生误操作,尤其是母线故障时,须短时切除较多的电源和线路,这对特别重要的大型发电厂和变电站是不允许的。因此在母线上增设分段断路器,演变为双母线分段接线,在一段母线故障或检修时仍可保持双母线并联运行。双母线分段接线方式在 126、252、363、550kV GIS 中都常采用,典型主接线图、平面布置及断面图如图 2-45~图 2-48 所示。

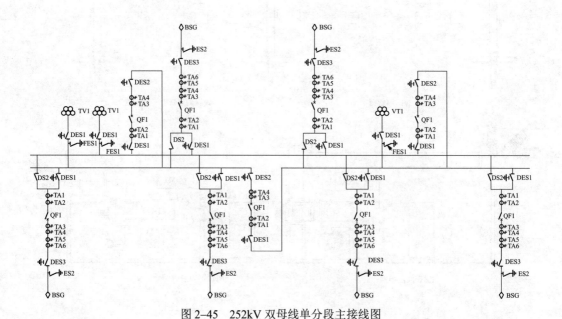

图 2-45 252kV 双母线单分段主接线图

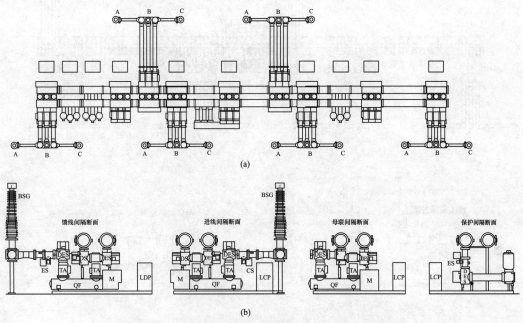

图 2-46 252kV 双母线单分段平面布置及间隔断面布置图

（a）平面布置图；（b）间隔断面布置图

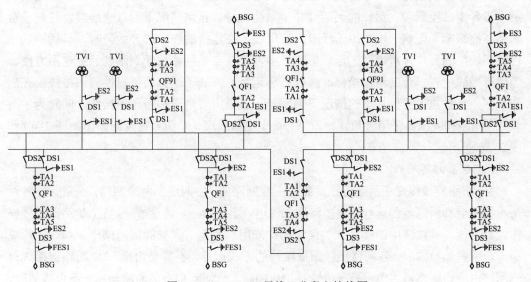

图 2-47 363kV 双母线双分段主接线图

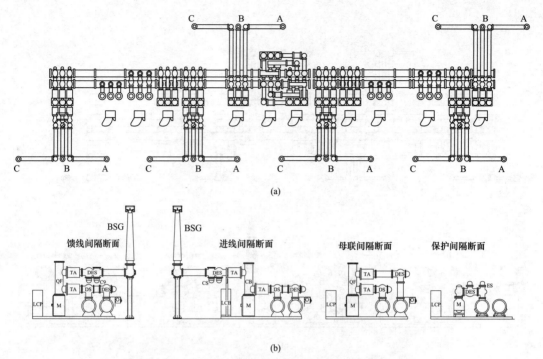

图 2–48 363kV 双母线双分段平面布置及间隔断面布置图

（a）平面布置图；（b）间隔断面布置图

5. 多角形接线

多角形接线就是将断路器相互连接形成闭合环形，每一回路都经两台断路器连接，所用设备少，投资省，运行的灵活性和可靠性较好。正常情况下为双重连接，任何一台断路器检修都不影响送电。由于没有汇流母线，在连接的任一部分故障时，只切除这一段及相连接的元件，对电网的运行影响较小。其缺点是回路数受到限制、扩建不方便，当环形接线中有一台断路器检修时就要开环运行，降低了运行的可靠性。该接线仅在出线不多，且扩建可能性极小的情况下采用，一般采用三角形和四角形接线，同时为了可靠性，线路和变压器采用对角连接原则。典型主接线图、平面布置及断面图如图 2–49 和图 2–50 所示。

6. 3/2 断路器接线

3/2 断路器接线是在两条母线间装有三台断路器，中间送出两个回路，正常运行时两条母线和全部断路器都运行，成多路环状供电，运行灵活，调度方便。3/2 断路器接线操作检修方便，该接线中的隔离开关仅作为检修用，避免了大量的倒闸操作。当一条母线和一台断路器检修时，各回路仍按照原接线的方式运行，不需要切换。3/2 断路器接线每一回路由两台断路器供电，当有馈线发生故障时，需切除相应的断路器；一条母线故障，连接其上的所有元件均应切除，其余元件正常运行。

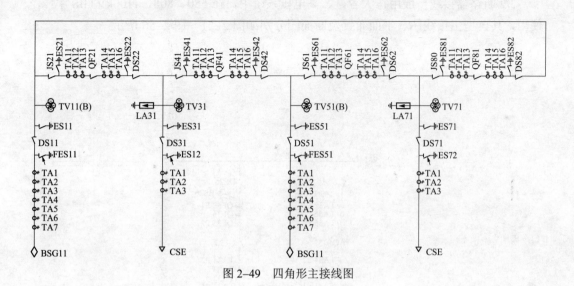

图 2-49 四角形主接线图

图 2-50 550kV GIS 四角形平面布置及断面布置图

（a）平面布置图；（b）断面布置图

3/2 断路器接线一般用在大容量、高电压系统中，在 550、800、1100kV GIS 中广泛使用，其典型主接线图、平面布置及断面图分别如图 2–51～图 2–56 所示。

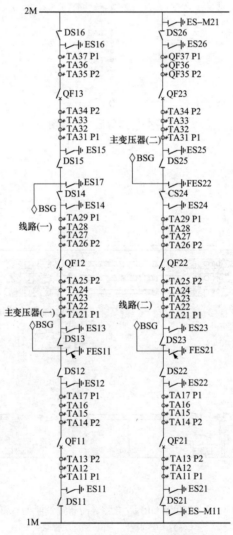

图 2–51　3/2 断路器主接线图

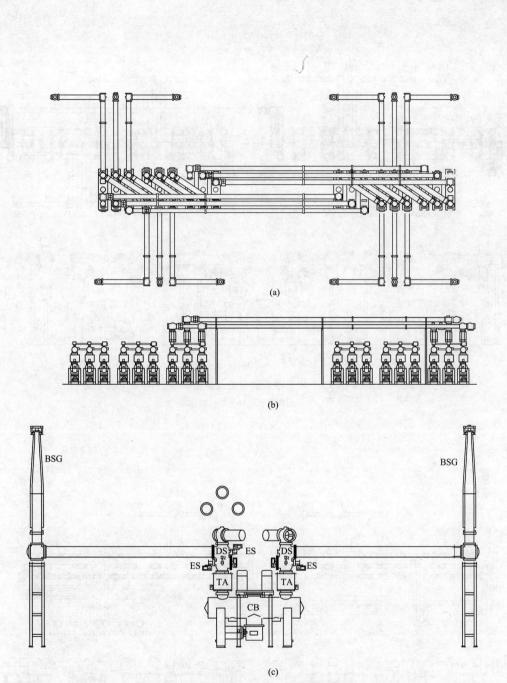

图 2-52　550kV GIS 3/2 断路器平面布置及断面布置图（"Z"型布置）

（a）平面布置图；（b）断面图；（c）间隔断面图

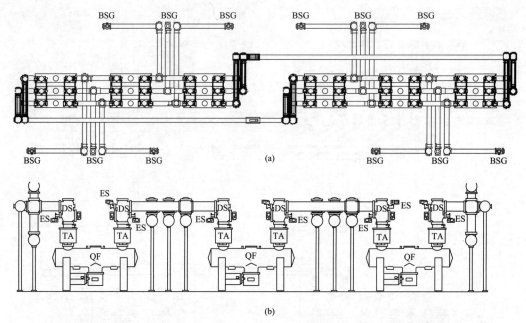

图 2-53　550kV GIS 3/2 断路器平面布置及串组断面图（"一"型布置）

（a）平面布置图；（b）串组断面图

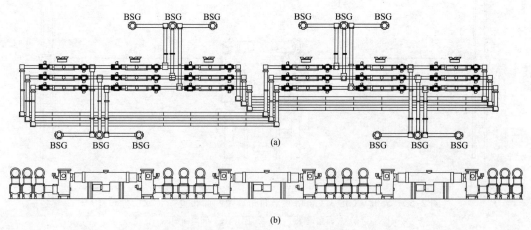

图 2-54　800kV GIS 3/2 断路器平面布置及串组断面图

（a）平面布置图；（b）串组断面图

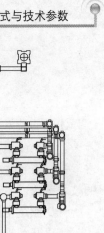

(a)

(b)

图 2-55 1100kV GIS 3/2 断路器平面布置及串组断面图

（a）平面布置图；（b）串组断面图

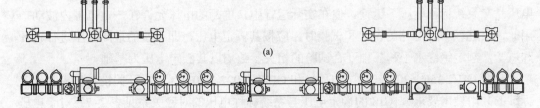

(a)

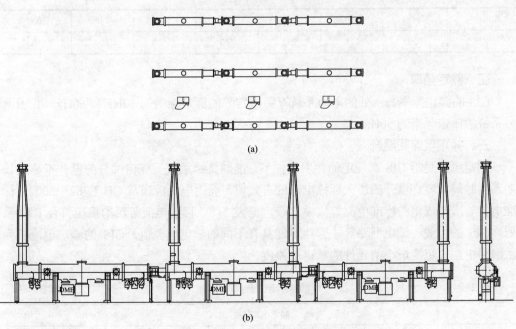

(b)

图 2-56 550kV HGIS 3/2 平面布置及断面图

（a）平面布置图；（b）断面图

第四节 GIS 的 技 术 参 数

GIS 的技术参数是表征其技术性能的基本参数。GIS 是由断路器、隔离开关、接地开关、电压互感器、电流互感器、避雷器等元件组成的，不同的元件有表征其性能的技术参数，与元件相关的技术参数将不在这里介绍，本书只介绍作为 GIS 整体设备所要求的技术参数。本节所列参数主要依据电力行业标准。

一、额定电压

高压开关设备的额定电压是指设备所在系统的最高运行电压。通常情况下，电网的电压是在系统标称电压下运行，但在实际运行中，电网的电压允许在一定范围内波动，因此，在进行 GIS 总体的设计和试验时，应按其额定电压，即系统的最高电压进行设计和试验，额定绝缘水平和各种开合试验的相关参数均以其额定电压为基础。

按照 GB/T 156—2007《标准电压》和 GB/T 11022—2011《高压开关设备和控制设备标准的共用技术要求》，GIS 的额定电压与系统标称电压的对应关系见表 2-7。对于电压互感器、电流互感器、避雷器等元件的额定电压值按其各自标准的规定，但其运行电压应满足 GIS 额定电压的要求。

表 2-7　　　　　　　　GIS 的额定电压和系统标称电压的对应关系　　　　　单位：kV

标称电压	66	110	220	330	500	750	1000
额定电压	72.5	126	252	363	550	800	1100

二、额定频率

GIS 的额定频率与所处的电力系统有关，常见的额定频率为 50Hz 和 60Hz。我国电力系统的额定频率为 50Hz。

三、额定电流和温升

额定电流是指 GIS 在规定的使用条件下，能够持续承载而任何部分的温升不超过长期工作时最大容许温升的最大标称电流的有效值。额定电流应当从 GB/T 762—2002《标准电流等级》规定的标准电流等级中选取，见表 2-8。标准电流等级的值应符合 R10 系列。GIS 的母线、馈电回路等主回路可能具有不同的额定电流值。GIS 的额定电流应为主回路中额定电流最小的元件的额定电流值。

表 2-8　　　　　　　　　　　　　　额 定 电 流 等 级　　　　　　　　　　　单位：A

额定电流等级									
1	1.25	1.6	2	2.5	3.15	4	5	6.3	8
10	12.5	16	20	25	31.5	40	50	63	80
100	125	160	200	250	315	400	500	630	800
1000	1250	1600	2000	2500	3150	4000	5000	6300	8000
…	…	…	…	…	…	…	…	…	…

温升是指当 GIS 通过电流时各部位的温度与周围空气温度的差值。GIS 在工作时由于发热可能会引起各种部件、材料和绝缘介质的温度升高，温度过高可能会使部件、材料和绝缘介质的物理和化学性能发生变化，从而引起机械性能和电气性能的下降，也可能会导致故障。为了保证 GIS 在使用寿命内可靠工作，必须将各种部件、材料和绝缘介质的温度和温升限制在一定范围内，这个温度和温升就是最大允许温度和温升。GIS 的各种部件、材料和绝缘介质在长期工作时的最大允许温度和周围空气温度不超过+40℃时的允许温升见表 2–9。

表 2–9　　　　　　　　　GIS 在长期工作时的最大允许温度和允许温升

部件、材料和绝缘介质的类别 （见说明 1、2、3 和 5）	最大允许温度 （℃）	周围空气温度不超过+40℃时的允许温升 （K）
1. 触头（见说明 4）		
裸铜或裸铜合金		
——在空气中	75	35
——在 SF$_6$（六氟化硫）中（见说明 5）	105	65
——在油中	80	40
镀银或镀镍（见说明 6）		
——在空气中	105	65
——在 SF$_6$ 中（见说明 5）	105	65
——在油中	90	50
镀锡（见说明 6）		
——在空气中	90	50
——在 SF$_6$ 中（见说明 5）	90	50
——在油中	90	50
2. 用螺栓的或与其等效的连接（见说明 4）		
裸铜、裸铜合金或裸铝合金		
——在空气中	90	50
——在 SF$_6$ 中（见说明 5）	115	75
——在油中	100	60
镀银或镀镍		
——在空气中	115	75
——在 SF$_6$ 中（见说明 5）	115	75
——在油中	100	60
镀锡		
——在空气中	105	65
——在 SF$_6$ 中（见说明 5）	105	65
——在油中	100	60
3. 其他裸金属制成的或其他镀层的触头或联结	（见说明 7）	（见说明 7）
4. 用螺栓或螺钉与外部导体连接的端子（见说明 8）		
——裸的	90	50
——镀银、镀镍或镀锡	105	65
——其他镀层	（见说明 7）	（见说明 7）
5. 油断路器装置用油（见说明 9 和 10）	90	50
6. 用做弹簧的金属零件	（见说明 11）	（见说明 11）

续表

部件、材料和绝缘介质的类别 （见说明 1、2、3 和 5）	最大允许温度 （℃）	周围空气温度不超过+40℃时的允许温升 （K）
7. 绝缘材料以及与下列等级的绝缘材料接触的金属部件（见说明 12）		
——Y	90	50
——A	105	65
——E	120	80
——B	130	90
——F	155	115
——瓷漆：油基	100	60
合成	120	80
——H	180	140
——C 其他绝缘材料	（见说明 13）	（见说明 13）
8. 除触头外，与油接触的任何金属或绝缘件	100	60
9. 可触及的部件		
——在正常操作中可触及的	70	30
——在正常操作中不需触及的	80	40

说明 1：按其功能，同一部件可能属于表 2-9 中的几种类别，在这种情况下，允许的最高温度和温升值是相关类别中的最低值。

说明 2：对真空开关装置，温度和温升的极限值不适用于处在真空中的部件，其余部件不应超过表 2-9 给出的温度和温升值。

说明 3：应注意保证周围的绝缘材料不受损坏。

说明 4：当接合的部件具有不同的镀层或一个部件是裸露的材料时，允许的温度和温升应为：

（1）对于触头，为表 2-9 项 1 中最低允许值的表面材料的值；

（2）对于连接，为表 2-9 项 2 中最高允许值的表面材料的值。

说明 5：SF_6 是指纯 SF_6 或纯 SF_6 与其他无氧气体的混合物。

注 1：由于不存在氧气，把 SF_6 开关设备中各种触头和连接的温度极限加以协调是合适的。在 SF_6 环境下，裸铜或裸铜合金零件的允许温度极限可以与镀银或镀镍零件的相同。对于镀锡零件，由于摩擦腐蚀效应，即使在 SF_6 的无氧条件下，提高其允许温度也是不合适的，因此对镀锡零件仍取在空气中的值。

注 2：对裸铜与镀银触头在 SF_6 中的温升仍在考虑中。

说明 6：按照设备的有关技术条件：

（1）在关合和开断试验后（如果有关合和开断试验）；

（2）在短时耐受电流试验后；

（3）在机械寿命试验后。

有镀层的触头在接触区应该有连续的镀层，否则触头应被视为是"裸露"的。

说明 7：当使用的材料没有在表 2-9 列出时，应该研究它们的性能，以便确定其最高允许温升。

说明 8：即使和端子连接的是裸导体，其温度和温升值仍有效。

说明 9：在油的上层的温度和温升。

说明 10：如果使用低闪点的油，应特别注意油的汽化和氧化。

说明 11：温度不应达到使材料弹性受损的数值。

说明 12：绝缘材料的分级见 GB/T 11021—2014《电气绝缘 耐热性和表示方法》。

说明 13：仅以不损害周围的零部件为限。

温升试验是考核 GIS 载流能力的重要手段。中国国家标准规定：试验应在户内，周围空气温度（试验期间的最后 3h 内，每隔 1h 所测得最后 3 次温度的算术平均值）不低于+10℃及不高于+40℃，且周围空气流速不超过 0.5m/s，海拔不超过 1000m 的情况下进行。周围空气温度在+10～+40℃时，不进行温升值的修正。海拔升高，引起气压下降，使散热条件恶化，反之，海拔降低将改善散热条件。因此，必须考虑海拔变化引起 GIS 温升的变化。当 GIS 使用地点的海拔超过 1000m 时，应对试验结果按下列公式进行修正。

$$t=t_0[1+0.03(H_2-H_1)]$$

式中 t_0 ——试验实测温升，K；

t ——修正后的试验结果，K；

H_1 ——试验地点的海拔，km；

H_2 ——使用地点的海拔，km。

温升试验在上述规定的条件下进行时，试验电流值在各国的标准中规定也不尽相同，中国电力行业标准规定为 1.1 倍额定电流，中国国家标准和国际电工委员会（IEC）标准为 1.0 倍额定电流。试验电流的频率为 50Hz 或 60Hz，如果额定频率为 50Hz 的 GIS 在 60Hz 的电流下试验，其试验结果对于额定电流相同的 50Hz 的同一产品有效。反之，试验结果不超过温升最大允许值的 95%时，则认为该 GIS 满足 60Hz 下的温升试验要求。

四、额定绝缘水平

GIS 的额定绝缘水平见表 2-10 和表 2-11，表中的耐受电压值适用于标准中规定的标准参考大气（温度、湿度、压力）条件，对于特殊使用条件应进行数值修正。对于 GIS 的绝缘性能试验，应在绝缘介质的最低功能压力下进行。

表 2-10　　　　　　　　额定电压 252kV 及以下 GIS 的额定绝缘水平　　　　　　单位：kV

额定电压（有效值）U_r	额定短时工频耐受电压（有效值）U_d		额定雷电冲击耐受电压（峰值）U_p	
	相对地、断路器断口和相间	隔离断口	相对地、断路器断口和相间	隔离断口
72.5	160	200	350	350（+60）
126	230	230（+70）	550	550（+100）
252	460	460（+145）	1050	1050（+200）

表 2-11　　　　　　　　额定电压 363kV 及以上 GIS 的额定绝缘水平　　　　　　单位：kV

额定电压（有效值）U_r	额定短时工频耐受电压（有效值）U_d		额定操作冲击耐受电压（峰值）U_s			额定雷电冲击耐受电压（峰值）U_p	
	相对地和相间	断路器断口和隔离断口	相对地和断路器断口	相间	隔离断口	相对地和相间	断路器断口和隔离断口
363	520	510（+210）	950	1425	850（+295）	1175	1175（+295）
550	740	740（+315）	1300	1950	1175（+450）	1675	1675（+450）

续表

额定电压 （有效值） U_r	额定短时工频耐受电压 （有效值）U_d		额定操作冲击耐受电压 （峰值）U_s			额定雷电冲击耐受电压 （峰值）U_p	
	相对地和 相间	断路器断口 和隔离断口	相对地和 断路器断口	相间	隔离断口	相对地和相间	断路器断口和 隔离断口
800	960	960 （+460）	1550	2635	1425 （+650）	2100	2100 （+650）
1100	1100	1100 （+635）	1800	2700	1675 （+900）	2400	2400 （+900）

五、额定短时耐受电流和额定短路持续时间

额定短时耐受电流是指在规定的短时间内，GIS 主回路能够承载的电流的有效值，这一技术参数主要反映 GIS 承载短路电流热效应的能力。在通过此电流后，GIS 应能继续正常工作，触头部分不得发生熔焊，对树脂等材料浇注的绝缘件不得出现开裂等。

额定短时耐受电流的标准值应当从 R10 系列中选取，并等于额定短路开断电流。通常规定数值为：6.3、8、10、12.5、16、20、25、31.5、40、50、63、80、100kA。

规定的时间是指额定短路持续时间，又称额定热稳定时间，即 GIS 主回路能够承载额定短时耐受电流的时间间隔。在进行三相或单相短时耐受电流试验时，如不能在额定短路持续时间内达到规定的电流，允许增加通流时间，但是不得大于 5s。两者之间的换算关系如下：

$$I_k^2 t_k = I_{k0}^2 t_{k0}$$

式中　I_{k0}——试验短时耐受电流，kA；

　　　t_{k0}——试验实测通流时间，s；

　　　I_k——额定短时耐受电流，kA；

　　　t_k——额定短路持续时间，s。

不同标准对不同电压等级的额定短路持续时间要求见表 2-12。

表 2-12　　　　　　　　额定短路持续时间的要求

额定电压	36.3kV 及以下	550～1100kV
国家标准	2s（如果需要，可以选取 3s 或 4s）	2s（如果需要，可以选取 3s 或 4s）
电力行业标准	3s	2s

六、额定峰值耐受电流

额定峰值耐受电流是指在规定的使用和性能条件下，GIS 主回路能够承载的额定短时耐受电流第一个大半波的电流峰值，这一技术参数主要反映断路器承受短路电流所产生的电动力的能力。在通过此电流后，GIS 应能继续正常工作，触头部分不得自行分开和发生熔焊，环氧树脂浇注材料的绝缘件不得出现开裂等。额定峰值耐受电流规定数值为：16、20、25、31.5、40、50、63、80、100、125、160、200、250kA。

额定峰值耐受电流应根据系统特性所决定的直流时间常数来确定，大多数系统的直流时间常数为 45ms，额定频率为 50Hz 及以下时所对应的峰值耐受电流为 2.5 倍额定短时耐受电流，额定频率为 60Hz 时为 2.6 倍额定短时耐受电流。在某些使用条件下，系统特性决定的直流时间常数可能比 45ms 大，对于特殊系统时间常数一般为 60、75、100、120ms，额定峰值耐受电流最大选用 2.7 倍额定短时耐受电流。

七、额定短路开断电流和额定短路关合电流

额定短路开断电流是指在规定的使用和性能条件下，GIS 中的断路器所能开断的最大短路电流。所谓短路开断，就是指断路器流过任一短路电流直至额定短路开断电流时，通过动静触头的分离，使动静触头间工频恢复电压由趋于零的数值迅速增至断路器的额定电压且瞬态恢复电压等于标准中规定值的过程。在此过程中，流过断路器的电流由初始值逐渐趋于零。

额定短路开断电流由两个值表征，即交流分量有效值和直流分量有效值。额定短路开断电流的交流分量有效值与额定短时耐受电流值相同，额定短路开断电流的直流分量有效值则取决于所采用的时间常数、断路器的最短分闸时间和继电保护装置的最快动作时间。

断路器的短路关合可以理解为短路开断的逆向过程，对三极断路器来说，关合过程是指处于分闸位置的断路器，从合闸控制回路带电时刻到所有极均出现电流的过程。该电流可以是任一小的电流直至额定短路关合电流。对于额定频率为 50Hz 且时间常数标准值为 45ms，额定短路关合电流等于额定短路开断电流交流分量有效值的 2.5 倍。对于所有特殊工况的时间常数，如 60、75、100、120ms 等，额定短路关合电流等于额定短路开断电流交流分量有效值的 2.7 倍，与断路器的额定频率无关。

八、隔离开关额定母线转换电流及转换电压

GIS 中的母线隔离开关在某些运行条件下需要进行改变母线运行方式的倒闸操作，将负荷电流从一条母线转换到另一条母线上，隔离开关开合母线转换电流的试验即是验证隔离开关是否具有这样的能力。目前标准中规定隔离开关的额定母线转换电流为 80% 的额定电流，不论额定电流多大，额定母线转换电流通常不超过 1600A。如果变电站采用的是 HGIS，此时 HGIS 中的隔离开关开合的是敞开式空气绝缘的架空母线，其转换电压应该是开合架空母线的额定转换电压。电力行业标准规定 GIS 用隔离开关开合气体绝缘封闭母线和空气绝缘母线时的额定母线转换电压见表 2-13。

表 2-13　　　　　　　　　　GIS 用隔离开关的额定母线转换电压

额定电压（kV）	额定母线转换电压（有效值）（V）	
	气体绝缘母线	架空母线
72.5	30	100
126		
252	100	300
363		

续表

额定电压（kV）	额定母线转换电压（有效值）（V）	
	气体绝缘母线	架空母线
550	100	400
800		
1100	400	400

九、接地开关额定感应电流及感应电压

当 GIS 的进、出线为较长距离的同塔平行线路时，安装在 GIS 线路入口处的接地开关应具有开合额定电磁感应和静电感应电流的能力。表 2-14 给出了电力行业标准规定的接地开关额定感应电流和感应电压的标准值，并分成 A、B 两类。A 类接地开关适用于线路比较短或与相邻带电线路耦合比较弱的平行线路，B 类接地开关适用于线路比较长或与相邻带电线路耦合比较强的平行线路。目前有较多的工程由于线路长、带电线路负荷大，其感应电流和感应电压都高于标准规定的 B 类接地开关标准值。

表 2-14　　　　　接地开关的额定感应电流和感应电压

额定电压（kV）	电磁耦合				静电耦合			
	额定感应电流（有效值）（A）		额定感应电压（有效值）（kV）		额定感应电流（有效值）（A）		额定感应电压（有效值）（kV）	
	A 类	B 类	A 类	B 类	A 类	B 类	A 类	B 类
72.5	50	100	0.5	4	0.4	2	3	6
126	50	100	0.5	6	0.4	5	3	6
252	80	160	1.4	15	1.25	10	5	22
363	80	200	2	22	1.25	18	5	17
550	80	200	2	25	1.6	25，50	8	25，50
800	80	200	2	25	3	25，50	12	32
1100	80	360	2	30	3	50	12	180

第三章

气体绝缘金属封闭开关
设备的运行技术

第一节 GIS 的使用条件

GIS 的使用条件是指其安装地点的环境条件，分为户内环境条件和户外环境条件。户内环境条件可通过人为因素对某些条件进行改善，如温度、湿度和污秽等，而户外环境条件是人为因素无法控制的，因为它是大自然实际存在的自然现象。地球上不同地域的环境条件和气候条件多种多样、千差万别，任何一种断路器都不可能适用于所有的环境条件。因此需要制定一个可以涵盖大多数地域的环境条件和气候条件的使用条件，用它作为各生产厂家进行产品设计和试验的依据，这个大家公认的使用条件就是标准中的"正常使用条件"。如果使用条件超出了"正常使用条件"的范围，应该列为"特殊使用条件"，用户应该按照标准中"特殊使用条件"的规定提出相应要求，生产厂家应该根据用户的要求，按照"特殊使用条件"的规定进行产品设计和试验。

除非提出特殊要求，GIS 一般是按正常使用条件进行设计、试验和制造的，它应在其规定的额定特性和下述列出的正常使用条件下使用。如果使用条件和正常使用条件不同，生产厂家应尽可能按用户提出的特殊要求设计产品。

一、正常使用条件

1. *户内 GIS*

（1）周围空气温度最高不超过 40℃，且在 24h 内测得的平均温度不超过 35℃；周围空气最低温度根据实际需要可选为–5 或–15 或–25℃。

（2）阳光辐射的影响可以忽略。

（3）海拔不超过 1000m。

（4）周围空气没有明显地受到尘埃、烟、腐蚀性和/或可燃性气体、蒸汽或盐雾的污染。

（5）湿度条件如下：

1）在24h内测得的相对湿度的平均值不超过95%；

2）在24h内测得的水蒸气压力的平均值不超过2.2kPa；

3）月相对湿度平均值不超过90%；

4）月水蒸气压力平均值不超过1.8kPa。

在这样的湿度条件下有时会出现凝露。

（6）来自GIS外部的振动或地动可以忽略，如果用户没有提出特殊要求，生产厂家可以不考虑。

2. 户外GIS

（1）周围空气温度最高不超过40℃，且24h内测得的平均温度不超过35℃。

周围空气最低温度根据实际需要可选用为−10或−25或−30或−40℃。应考虑温度的急剧变化。

（2）应考虑阳光辐射的影响，晴天中午辐射强度为1000W/m²。

（3）海拔不超过1000m。

（4）周围空气可能受到尘埃、烟、腐蚀性气体、蒸气或盐雾的污染，污秽等级不超过Ⅲ级。

（5）覆冰厚度为1、10、20mm。

（6）风速不超过34m/s（相应于圆柱表面上的700Pa）。

（7）应考虑凝露和降水的影响。

（8）来自GIS外部的振动或地动可以忽略，如果用户没有提出特殊要求，生产厂家可以不考虑。

二、特殊使用条件

GIS可以在不同于上述规定的正常使用条件下使用，此时用户应该按照下述要求提出特殊使用条件要求。

1. 海拔

对于安装在海拔高于1000m处的GIS，外绝缘在使用地点的绝缘耐受水平应为额定绝缘水平乘以按照图3–2确定的海拔修正系数K_a。

2. 污秽

对于使用在严重污秽空气中的GIS，污秽等级应规定为Ⅳ级。

3. 温度和湿度

周围空气温度超出正常使用条件中规定的温度范围时，应优先选用的最低温度和最高温度的范围规定为：

（1）对严寒气候为−50～+40℃。

（2）对酷热气候为−5～+55℃。

在暖湿风频繁出现的某些地区，温度的骤变会导致凝露，甚至在户内也会凝露。

在湿热带的户内，在24h内测得的相对湿度的平均值可能达到98%。

4. 振动、撞击或摇摆

标准的 GIS 设计安装在牢固的底座或支架上，可以免受过度的振动、撞击或摇摆。如果运行地点存在这些异常条件，用户应提出特殊的使用要求。

如果运行地点是处于可能出现地震的地带，用户应根据 GB/T 13540—2009《高压开关设备和控制设备的抗震要求》的规定提出设备的抗震水平。

5. 风速

在某些地区风速可能为 40m/s。

6. 覆冰

超过 20mm 的覆冰由用户和生产厂家协商。

7. 其他条件

GIS 在其他特殊使用条件下使用时，用户应参照 GB/T 4796—2008《电工电子产品环境条件分类　第 1 部分：环境参数及其严酷程度》的规定提出其环境参数。

三、确定使用条件的原则

使用条件是 GIS 设计、试验和选用的基础。产品设计首先应该考虑它能够适用于什么样的环境条件，这些环境条件会给产品的技术性能带来什么影响，应该采取什么技术措施来适应环境条件的影响，最后要经过试验来验证其效果。用户在选用 GIS 时，首先应该确定安装地点的使用条件，是户内还是户外，是否有超出正常使用条件的特殊使用条件，以及安装地点的环境条件可能对产品的技术性能造成什么影响；然后确定选择什么样的产品能够满足安装地点的环境条件。GIS 应该设计成具有广泛的环境适应性，尽可能满足各种不同的使用条件，必要时采取特别的技术措施，满足某些特殊使用条件的要求。为了保证 GIS 的运行可靠性，使用部门也应尽可能为产品的运行提供良好的环境条件，在条件允许的情况下，采取一些辅助措施改善环境条件，如改户外为户内、加设遮阳顶盖、强迫通风、降低负荷电流、加装空调器和吸湿器降低户内的环境温度、湿度和污秽等。总之，GIS 的设计和选用应该适应使用条件的要求。

1. 周围空气温度

户内或户外 GIS 的周围空气温度是指运行设备周围的空气温度平均值，它不同于气象部门在百叶箱内测得的环境温度。周围空气温度将会对户外运行的 GIS 的技术性能带来不可忽视的影响，因为 GIS 的金属外壳完全裸露在大气中，周围空气温度的高或低将会对壳体以及通过壳体对壳体内的气体和部件产生直接的影响。不同的地域、不同的季节、不同的气候条件和环境，会使运行中 GIS 周围的空气温度发生不同的变化，对设备也会产生不同的影响。

盛夏，正午骄阳似火，太阳直射在运行中的 GIS 壳体上和水泥地面上，太阳的直射、水泥地面热量的反射，以及周围运行设备的热辐射，将会大大提高运行现场的空气温度，它要比气象部门预报的最高温度高出 10、20℃或更高，外壳的温度也会更高。高温对 GIS 的直接影响是可能发生过热，使主回路的载流能力下降，温升超过允许温升将会对产品的绝缘部件和电接触性能带来不利影响，严重时会引发设备故障，环境温度的升高还会对密封件、二次设备造成影响，金属外壳和相关部件会产生热膨胀。

严冬，寒流袭来，气温骤降，寒风刺骨，也许是风雪交加，运行现场的空气温度又要比气象部门预报的最低温度还要低，低温将会对 GIS 中的开关元件和其他元件的多种电气性能和机械性能造成不利的影响。低温达到 SF_6 液化温度时会使 GIS 中的 SF_6 气体产生液化，绝缘气体的液化会使 GIS 的绝缘强度降低，也会影响断路器的开断性能。低温还会影响 GIS 的密封性能，可能会发生漏气。低温还可能会对液压操动机构、操动机构的机械传动系统、润滑和缓冲等造成不同程度的影响，严重时可能会引起机械部件的变形、损坏或拒动，也可能会使液压操动机构发生误闭锁，等等。

　　对于户内运行的 GIS，其最高温度或最低温度要比户外设备好许多，但是在不同的湿热地区和严寒地区，在不同的季度也可能会达到很高或很低的温度，如果不采取相应的保温或降温措施，也可能对 GIS 的安全运行造成威胁。

　　不管是户内还是户外运行的 GIS，高温和低温都会对 GIS 的载流性能、机械性能、绝缘性能、密封和润滑性能、开断性能带来不利影响，应对措施不当，会使 GIS 的运行可靠性受到严重影响。应该特别强调，高、低温给户外 GIS 带来的影响要比给其他开关设备带来的影响大得多，运行单位应根据 GIS 安装地域的气象资料并结合运行地点的实际环境条件来确定所用 GIS 的最高和最低空气温度，应以一定年限内所遇到的最高或最低温度为参考，如以十年一遇的环境温度为参考值。产品的设计应充分认识到最高和最低温度可能会对产品的技术性能带来的各种影响，应采取相应的技术措施适应高、低温的运行工况，确保产品的技术性能。这里要强调一点，产品所采取的防低温或防高温的技术措施要进行相应的高、低温试验和严重冰冻条件下的试验，验证其技术性能是否满足高、低温的要求，对防低温的加热和保温措施也要进行相应的低温试验，以验证其加热效果和效率。

　　这里要特别提示低温对 SF_6 气体的影响。SF_6 开关设备内充有一定压力的 SF_6 气体，当环境温度降低到一定温度时，具有一定压力的 SF_6 气体将会发生液化，液化温度与运行设备的额定充气压力值直接相关。图 3-1 所示为 SF_6 气体的状态参数曲线，在气体密封不变的情况下，气体压力将随温度的下降沿着一条斜线发生变化，当温度下降到其液化点时，气体就会开始液化。随着温度不断地下降，液化就会不断地进行，而且其密度也不再保持气态时的密度而是不断降低，气体的压力也会沿液化曲线不断降低。SF_6 开关设备或其他电气设备的额定工作压力越高，液化温度也越高，为了确保 SF_6 开关设备的绝缘性能和开合性能，必须防止低温环境下发生液化，其措施就是降低额定工作压力，如果可能也可以装设加热和保温装置，使其能保持运行在液化温度以上。

　　由图 3-1 可以查出在不同额定压力情况下，SF_6 气体发生液化时的温度。图中的压力为充 SF_6 的电气设备的绝对压力，不是表压，绝对压力为表压加一个大气压。如图 3-1 所示，如果 GIS 断路器内额定压力表压为 0.6MPa，则绝对压力为 0.7MPa，液化温度约为 $-27.5℃$。如果额定压力表压为 0.5MPa，则绝对压力为 0.6MPa，液化温度则为 $-30℃$。

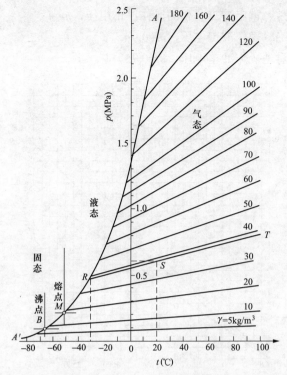

图 3-1 SF₆ 气体的状态参数曲线

2. 海拔

GIS 的额定绝缘水平是指海拔不超过 1000m 时的绝缘水平。随着海拔的升高，大气的气压、气温和绝对湿度均会随之降低，高原气候的日温差变化大、太阳的辐射更为强烈。气压和湿度的下降会使 GIS 外绝缘的空气间隙的放电电压降低，电晕放电起始电压降低，无线电干扰电平增高。随着海拔的增加，GIS 的外绝缘的空气间隙应按标准中的规定进行修正，使用地点的绝缘耐受水平为额定绝缘水平乘以海拔修正系数 K_a（见图 3-2）。应该指出，其一，内绝缘的绝缘特性不受海拔的影响，不需修正和采取特别措施；其二，外绝缘只需修正空气间隙的放电距离，即只对干弧距离进行修正，爬电距离一般不需修正，因为爬电距离由污秽等级和额定电压决定，虽然其污秽闪络电压也受海拔的影响，但是影响的程度一般小于空气间隙所受的影响，在所用绝缘子型式不变的情况下，由于干弧距离的修正而导致的爬电距离的增长就可以覆盖爬电距离所受的影响。

海拔修正系数可按 GB/T 311.2—2002（IEC 60071-2：1996）《绝缘配合 第 2 部分：高压输变电设备的绝缘配合使用导则》的 4.2.2 用下式计算，且对海拔 1000m 及以下不需要修正：

$$K_a = e^{m(H-1000)/8150}$$

式中 H——海拔，m；

m——为了简单起见，m 取下述的确定值：

对于工频、雷电冲击和相间操作冲击电压，m=1；

对于纵绝缘操作冲击电压，m=0.9；

对于相对地操作冲击电压，m=0.75。

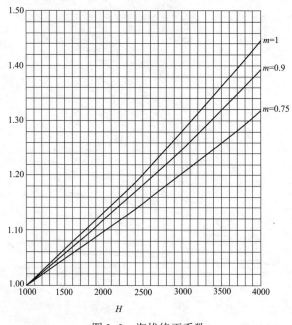

图 3-2　海拔修正系数

　我国海拔超过 1000m 的地区约占总面积的 60%，而且主要集中在具有丰富的水力资源和煤炭资源的西南和西北地区，大容量水力和火力发电站及其变电站和输电线路，大多建设在海拔 2000m 以上的地区，最高可达 4000m，青藏直流联网的换流站、疆电外送和西电东送的输变电工程很大一部分是建在高海拔地区。海拔的升高，除了对外绝缘的空气介电强度影响之外（大约每升高 100m，绝缘强度需要提高 1%），还会对电晕放电、无线电干扰电平、载流、密封等技术性能和充压外壳的机械强度等产生影响，应该引起使用和制造部门的充分重视。随着我国西北、西南水力、煤炭资源的大力开发，应该进一步深入研究高海拔对高压开关设备和其他电气设备的影响，尤其是对外绝缘耐电强度的影响，要保证高海拔产品的运行安全。

　3. 风速

　风吹在 GIS 上会产生风压并形成机械力。风压的大小取决于风的速度、设备迎风面的几何尺寸、形状和 GIS 的安装高度。标准中规定的风速在正常使用条件下为 34m/s，相应于圆柱表面上的 700Pa，大约相当于 11 级的强风。根据我国气象资料统计，如果按 10m 高、30 年一遇、取 10min 的平均值为 34m/s 时，可以覆盖我国绝大部分地区，只有少数沿海多台风地区可能会超过此风速。按经验公式，单位面积的风压为 $P=\dfrac{v^2}{16}$，P 的单位为 kg/m²，v 为 10min 的平均风速，单位为 m/s。按上式计算，风速为 34m/s 时，单位面积上的风压为 72.25kg/m²。按经验公式计算，风速每提高 1m/s，风压将递增 4～

$5kg/m^2$。运行部门选择 GIS 运行地点的风速时，既要考虑当地气象资料统计的 10min 的平均风速，也要考虑运行地点的阵风和季风的情况，如果阵风超过 34m/s，应该取更高的风速，如 40m/s。生产厂家进行产品设计时，应充分考虑风压给设备带来的机械作用力，特别是对于安装高度较高的超高压和特高压 GIS 及其套管，由于其外壳的迎风面积大，更应充分考虑风压对设备本身以及引线可能带来的机械力。产品的设计，既要保证在风速为 34m/s 的持续风压作用下能安全运行，同时也要确保在风速超过 34m/s 的阵风作用下仍能安全运行。

4. 湿度

环境湿度主要影响户内 GIS 外绝缘性能及其对金属部件的腐蚀、锈蚀和对有机绝缘部件的霉变。关注湿度的影响，关键是它可能产生凝露，即温度的变化使空气中的水分析出。标准中规定的相对湿度为在 24h 内测得的平均值不超过 95%，也就是说有可能在某一段时间内相对湿度达到 100%。空气的相对湿度越高，其水分含量就越大，也就越容易析出水分，并在绝缘部件的表面和金属部件上形成凝露。在高湿度条件下，只要空气温度稍有变化，或者空气遇到温度较低的物体就会出现凝露，不管是潮湿的南方还是较为干燥的北方，都要考虑凝露对运行设备所带来的影响。尤其是对于 GIS 的操动机构箱和汇控柜等控制设备，生产厂家要采取适当的技术措施防止潮湿空气和凝露对二次元件的损害。可以采取简单的小功率电阻加热并设置上、下通风口的措施，使箱柜内外空气能够流通，使箱柜内的空气尽量保持较为干燥的状态，或者装设空调。因此，从加热驱潮的角度出发，并不需要操动机构箱或汇控柜的外壳防护等级太高，一般 IP4× 即可。

5. 污秽和爬电距离

户外绝缘普遍存在着污秽问题，不同地区污秽程度不同。运行在污秽地区的绝缘子和套管，其外绝缘的耐受电压将随污秽度的增大而逐渐降低，其降低率则随污秽度的增大而逐渐减小，当污秽程度很大时将呈饱和状态。绝缘子和套管的交流污闪电压或污耐压，随爬电距离的增加而升高，但是要在一定的结构尺寸和形状的范围内，如果进行耐压试验时放电发生在绝缘子的空气间隙上而不是沿其表面，这样的爬电距离是无效的。我们要求的是在一定污秽条件下，在一定的绝缘子或套管的外形结构尺寸和形状下，其闪络发生在沿面，这时的爬电距离称为有效爬电距离。爬电距离取决于 GIS 运行地点的污秽等级、所选用的最小标称爬电比距、GIS 的额定电压、绝缘子的应用部位以及套管的直径。户外 GIS 和 HGIS 外绝缘的爬电距离用下述关系式确定：

$$l_t = a \times l_r \times U_r \times k_D$$

式中　l_t——最小标称爬电距离，mm；

　　　a——与绝缘类型有关的应用系数，相对地为 1.0，相间为 $\sqrt{3}$，断路器的断口间为 1.15；

　　　l_r——最小标称爬电比距，mm/kV，相对地间测得的爬电距离与 U_r 之比；

　　　U_r——GIS 的额定电压；

　　　k_D——直径的校正系数，当平均直径 $D < 300mm$ 时，$k_D = 1.0$；当 $500mm \geqslant D \geqslant$

300mm 时，k_D=0.0005D+0.85。

按照我国污秽等级的划分，最小标称爬电比距分为四级，见表 3–1，根据电力运行部门的要求，对于正常使用条件下的污秽等级不得超过Ⅲ级，即 25mm/kV。使用在严重污秽空气中的断路器，污秽等级为Ⅳ级。IEC 标准和国家标准中规定，正常使用条件下污秽等级不得超过Ⅱ级，安装在污秽空气中的设备，污秽等级为Ⅲ级——重污秽，或Ⅳ级——严重污秽。

表 3–1 各污秽等级下的最小标称爬电比距

污秽等级	最小标称爬电比距（mm/kV）	污秽等级	最小标称爬电比距（mm/kV）
Ⅰ	16	Ⅲ	25
Ⅱ	20	Ⅳ	31

6. 地震

地震是一种自然灾害，强烈的地震能在很短的时间内造成极大的破坏。历次强震中，电气设备，尤其是支持瓷瓶式的高压开关设备都遭到严重破坏，瓷瓶断裂，断路器损坏，电源中断，大面积停电，给抗灾救援工作带来极大困难，并引发次生灾害。因此，运行在地震多发区的 GIS 必须选用具有一定抗震性能的产品，以确保地震发生时，GIS 仍能安全运行。在可能发生地震的地区，运行单位应选择与 GIS 安装地点发生地震时出现的最大地面运动加速度相一致的抗震性能的产品，或者具有相应设防烈度的产品。按照我国高压开关设备抗地震性能试验标准 GB/T 13540—2009《高压开关设备和控制设备的抗震要求》的规定，高压开关设备抗震性能的设防烈度设二级，即 8 度和 9 度，其所对应的考核波形和设备基础顶面的水平方向最大加速度取值见表 3–2。

表 3–2 水平方向最大加速度取值

考核波形	水平方向最大加速度	
	8 度	9 度
人工合成地震波或实震记录	0.25g	0.50g
正弦共振拍波	0.15g	0.30g

地震波是一种复杂的宽频带随机波，并具有不重复特性，这就使抗震性能试验标准不可能简单地利用已经记录到的强震波形作为抗震设计和抗震试验的标准波形。为了统一试验标准，一般推荐采用正弦共振拍波，选择这种波形的主要原因是：其一，共振是造成设备损坏的主要原因；其二，地震波是宽带随机波，其中包括与设备产生共振的频谱成分；其三，地震产生的应变是一项综合数值，输入不同的波形可以获得同样的应变效果，关键是正弦共振拍波是单频波，模拟起来更简便。标准中还推荐了另一种波形，即人工合成地震波或实际地震记录的地震波，这种波形为多频波，地震试验时输入这种波一般要包括地震波的卓越频带，而这种频带宽度对不同的国家或地区可能不同，很难

统一，因此一般多用于对设备的直接动力分析，很少用于抗震试验。使用部门对产品提出抗震要求时，要明确设防烈度，同时要明确考核波形。使用正弦共振拍波，设防烈度为 8 度时，水平加速度取 $0.15g$；设防烈度为 9 度时，水平加速度取 $0.30g$。如果选用人工合成地震波或实震记录地震波，设防烈度为 8 度时，水平加速度取 $0.25g$，设防烈度为 9 度时，水平加速度为 $0.50g$。不同的试验波形，所对应水平加速度是不同的，这主要是共振与否的差异。地震时除水平加速度，还有垂直方向和水平横向的震动，水平横向和水平纵向的加速度是相同的，垂直加速度一般考察为水平加速度的一半。根据经验，一般垂直加速度对电气设备的影响很小，试验证明，水平、垂直双向同时振动比水平单向振动的动力反应值大约增加 10%，一般标准中给出的最大加速度值已包括垂直方向的放大系数 1.1。标准中所选定的设防烈度为 9 度时，正弦共振拍波的水平最大加速度为 $0.30g$，主要是因为日本对过去 50 余年的地震记录进行的统计最大加速度幅值均在 $0.30g$ 以下，同时对未来 75 年发生地震的预测值均在 $0.30g$ 以下。GIS 抗震强度的安全系数应大于 1.67，试验波形如图 3-3 所示，由五个正弦共振拍波组成，每拍五周，拍与拍的间隔为 $2s$。其中 f 为采用共振探测试验测得的试品的共振频率。

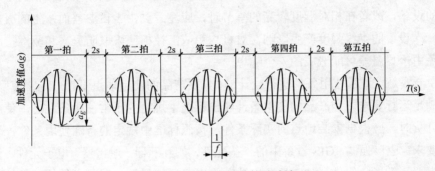

图 3-3　正弦共振拍波的试验波形

7. 日照、覆冰和日温差

日照就是太阳的直接照射，夏季中午是太阳照射最强烈的时间。太阳的直接照射会使运行中的 GIS 温度升高，太阳照射在水泥地面后的热量反射会进一步提升 GIS 的运行温度。太阳辐射的关键是紫外线的照射，它还会使暴露在大气中的有机绝缘物和设备外表面涂层的老化加速。根据现场实测和统计，目前标准中规定，夏日晴天中午，太阳辐射的平均最大强度为 $1000W/m^2$。因此，户外 GIS 均应考虑日照对设备造成的影响。运行单位在夏季迎峰度夏期间，应根据设备的实际运行地点和运行工况，适当控制负荷电流，防止设备过热。必要时，可采取适当措施，如加盖遮阳顶盖、强迫通风或降低负荷电流。生产厂家设计产品时，应充分考虑太阳辐射对产品通流能力的影响，并应综合考虑留有充分的裕度。建议产品进行温升试验时，试验电流取 1.1 倍及以上的额定电流。为了防止太阳辐射对 GIS 盆式绝缘子的损害，盆式绝缘子外露表面应采取遮盖措施，如加装外法兰，以避免太阳的直射。GIS 外壳涂层的质量和颜色也应考虑太阳辐射造成的影响。

覆冰就是 GIS 外表的结冰。外表的结冰，尤其是瓷绝缘子外表的结冰和连接引线上的结冰，将对户外运行的 GIS 的绝缘性能和机械性能造成一定的危害，覆冰厚度越厚，危害就越大。对于冬季容易出现覆冰的地区，如长江以南和东北地区，在选用 GIS 时要考虑覆冰的影响；对于接线端子拉力、出线套管的爬电距离和伞形应特别注意，要慎用 RTV 涂料。生产厂家可以考虑适用于严重覆冰地区的产品，产品设计时要充分考虑低温和冰雪的影响，同时应进行相应的冰冻试验和低温试验，以考核机械性能、绝缘性能、机械强度，以及防 SF_6 气体液化的技术措施和效率。

日温差是指一天之内最高环境温度和最低环境温度之差，是环境温度在 24h 内的变化程度。日温差会引起空气和压缩空气的相对湿度发生变化，并可能使其由不饱和状态变为饱和状态而析出水分。夏天中午温度高，如果空气的相对湿度较大，到夜间温度降低后，就可能使空气中的水分析出，发生凝露，从而影响高压设备外绝缘的抗电强度。另外，凝露会使金属部件锈蚀，还会使机构箱和控制箱二次回路绝缘降低和发霉。

目前，高压开关设备的标准中并没有对日温差的要求，但是不管是使用单位还是生产厂家，还要考虑到日温差可能带来的影响，尤其是使用在日温差较大、相对湿度较高的地区的设备，或者在相对湿度较高的季节时，应注意到由于日温差而发生的凝露，可能会对二次设备的绝缘强度产生影响，对机构箱或汇控柜应采取防凝露和驱潮措施，要尽量避免由于日温差可能造成的安全隐患。

GIS 一般是按正常使用条件进行设计的，只要产品的使用地点不超过正常使用条件，均可以满足运行要求。当产品的使用条件超出标准中规定的正常使用条件时，使用单位在产品订货时，应根据安装地点的实际条件，按照标准中规定的特殊使用条件，逐项提出具体要求。应该强调，GIS 设备中的一些元件，如互感器、避雷器、电子元件、低压电器、继电器、智能化组件、传感器、电池、带电监测装置等，其要求的使用条件可能与GIS 中开关设备不同，使用单位和生产厂家应根据具体情况采取适当措施保证这些元件的正常工作。另外，要特别提醒生产厂家和运行单位，在考虑环境条件对产品技术性能带来影响的同时，还要考虑设备在运行中可能对周围环境造成的影响，如噪声、无线电干扰、电晕放电等，应该满足环境保护的要求，必要时要采取相应技术措施。

第二节　GIS 的 操 作

GIS 的操作是指其断路器、隔离开关和接地开关的操作。由于断路器是电力系统的控制和保护设备，运行中需要进行两种工况的操作，一种是对正常运行电路的投切，一种是切除短路故障，分别称为正常操作和故障操作。隔离开关和接地开关的操作均属正常操作，隔离开关主要是在负载回路停电过程中断路器分闸后或送电过程中断路器合闸前进行操作，属于无载操作；在特殊情况下也会进行有载操作，如开合母线转换电流。接地开关操作是为了实现回路接地以保证检修人员的人身安全，即使是开合线路感应电流也是为了此目的。

一、断路器的正常操作和故障操作

1. 正常操作

断路器的正常操作就是对负载回路的正常投切，其投切的负载电流随负荷的性质不同而不同，主要是下列几种电流：

（1）负荷电流；

（2）空载变压器励磁电流；

（3）空载电缆线路充电电流；

（4）空载架空线路充电电流；

（5）单个电容器组电流；

（6）多组电容器组背对背电容器组电流；

（7）高压电动机电流；

（8）并联电抗器电流。

开合正常负荷电流可以不用断路器，用通用或专用负荷开关也可以完成，但是负荷开关没有开断故障电流的功能，即没有保护功能，因此它代替不了断路器。

断路器的正常操作可分为两个部分，即操作前状态的确认和操作后位置的检查。运行中的断路器由于其指示表计、有关保护装置和二次电源均处于工作状态，一般在操作前无须到现场对设备状态进行确认，通过控制室的监控系统即可了解设备情况并进行操作。但是，对于新装或检修后恢复运行的断路器，在操作前应检查在安装或检修时为保护人身安全所设置的安全措施（如接地线等）是否全部拆除，防误闭锁装置是否正常，二次回路、操作和控制电源、操动机构以及气体压力、油位等是否具备运行操作条件。对于长期停运或长期处于备用状态的断路器，应在正式执行操作前通过远方控制方式进行 2～3 次试操作后再进行正式操作。断路器的正常操作是非常简单的单合或单分操作，但是操作后的位置检查很重要，一般通过观察相关电流表和指示灯是否正确变化即可；但是对于枢纽变电站以及超高压、特高压的断路器，在完成操作后还应到运行现场检查位置指示器和设备状况是否正常。

对断路器进行正常分、合闸操作应在控制室进行远方操作，没有特殊情况应禁止在现场进行就地操作。如果需要在现场进行操作应采用电动操作，要尽量避免手动操作。

2. 故障操作

断路器的故障操作是对负荷回路发生各种型式的故障时的操作，此时断路器的操作完全听从于继电保护装置预先整定好的，符合断路器规定的操作顺序，对故障电路进行分闸、重合闸以及合闸操作。断路器主要是对下列几种故障电流的操作：

（1）三相或两相短路故障电流；

（2）单相和异相接地故障电流；

（3）失步故障电流；

（4）近区故障电流；

（5）发展性故障电流；

（6）二次侧故障电流；

（7）并联开断。

断路器应该按照标准中的要求，进行各种短路故障电流的开断和关合试验，其额定短路开断和关合电流值应该满足运行地点系统发生不同短路故障电流时的要求，其故障操作的操作顺序和时间间隔应在额定操作顺序规定的范围内，操动机构和开断装置均应为生产厂家规定的最低条件，如操作电压、液压机构的压力和 SF_6 的压力应为最低电压和最低功能压力。运行中的断路器应该避免发生超过其额定开断和关合能力，或者超出额定操作顺序的故障操作。

断路器开合短路故障电流后，运行人员应该到现场检查位置指示器和设备状况是否正常。

3. 断路器自身处于故障状态下的操作

断路器在进行操作前或操作时，由于某些原因可能发生异常或故障，在这种情况下操作人员应根据具体情况和相关规定停止操作或按事故预案采取相应措施，例如：

（1）运行中的断路器如果发生严重缺油或者气体压力异常等状况，应严禁对断路器进行分、合闸操作，并应立即断开控制电源，将其退出运行进行处理。

（2）如果在操作前或操作时发生液压机构突然失压，要立即切断油泵的电源，采取措施防止 SF_6 断路器在合闸状态下慢分的扩大事故。

（3）断路器如果在操作前处于分、合闸闭锁状态，则应查明原因进行处理，严禁擅自解锁进行操作。

（4）分相操作的断路器，如果在合闸时发生非全相合闸，如已装用防止非全相合闸的相位对应保护装置，断路器应自动将合闸相分闸；若失灵应由操作人员手动分闸。

（5）如果断路器在分闸时发生非全相分闸，继电保护装置应启动失灵保护，跳开相应断路器，使故障断路器脱离电源；如果保护失灵，应立即合上分闸相或手动操作将拒分相分闸，然后切断控制电源，进行停电处理。液压操动机构在断路器处于合闸状态时，严禁重新打压，以防造成慢分事故。

二、断路器的操作顺序

断路器的操作是指动触头从一个位置转换至另一个位置的动作过程，从机械意义上讲是合闸操作和分闸操作，从电气意义上讲则是关合和开断操作，即在不带电时的操作称为合闸和分闸，在带电时的操作则称为关合和开断。断路器的操作分为分闸操作、合闸操作和合分操作。分闸操作是指断路器从合闸位置转换到分闸位置，合闸操作是指断路器从分闸位置转换到合闸位置，合分操作是指断路器进行一次合闸操作之后，立即进行分闸操作，合与分之间没有任何故意的时延，完全由断路器的机械操作性能所决定，这个时间称为金属短接时间。断路器进行负载回路的正常操作时，操作顺序为分、合和合分。断路器进行故障操作时的操作顺序称为额定操作顺序。断路器的额定特性与其额定操作顺序密切相关，如短路开断和关合性能、近区故障开断和关合性能、线路充电电流开合性能等均与操作顺序有关。

断路器标准中规定的额定操作顺序为下述两种操作顺序。

（1）O—t—CO—t'—CO：

1）t=0.3s，用于快速自动重合闸的断路器；

2）t=3min，不用于快速自动重合闸的断路器；

3）t'=3min，为一次重合闸失败后再进行一次强送时的时间间隔。

（2）CO—t''—CO：t''=15s，用于慢速重合的断路器。

上述操作顺序中的 O 表示一次分闸操作，CO 表示一次合闸操作后立即无任何延时地进行分闸操作，t、t'、t'' 是连续操作之间的时间间隔，也称为无电流时间间隔，如果它是可调的，应规定调整极限，使用时不得小于其极限值。断路器进行型式试验时，应该按照标准中规定的额定操作顺序进行相应的关合、开断和开合试验。运行中的断路器，在系统发生故障时，将按照继电保护装置整定好的操作顺序进行故障操作。继电保护装置所整定的操作顺序将根据系统运行的需要，对不同的故障型式进行不同的整定，但是它不能超出型式试验中所规定的操作顺序和时间间隔。

三、隔离开关和接地开关的操作

GIS 中隔离开关的操作是在断路器分闸之后和合闸之前的分闸和合闸操作，也就是应在无电情况下的操作，但是在某些情况下，也可能需要用隔离开关进行在带电情况下分、合闸操作，如开合小电容电流、小电感电流或母线转移电流。接地开关是在线路或母线停电后，隔离开关分闸后进行分、合闸操作，其功能是确保检修人员的人身安全。接地开关有两种，一种是检修用接地开关，它的功能如上所述，它的分、合闸速度较慢；另一种是快速接地开关，它具有检修用接地开关的功能，一般只用于线路侧上，可以分、合感应电流，也可以关合一定的短路电流。

GIS 中隔离开关和接地开关的操作一般均采用电动操作，但也可以进行现场手动操作，它们的分闸或合闸操作均受断路器、隔离开关和接地开关之间的机械连锁和电气连锁的限制，以防发生误操作，手动操作和电动操作之间也要有连锁装置。

四、GIS 中断路器的动力操作电源和分合闸装置的控制电源

断路器的操作可分为人力操作、动力操作和储能操作。人力操作就是由人直接进行分合闸的操作，断路器的分合闸速度取决于操作者的操作过程。动力操作是利用人力以外的其他能源进行断路器的分合闸操作，操作的完成取决于动力源，如电动机、电磁铁、液压和气压机构的特性和供应的连续性。储能操作分为人力储能和动力储能，人力储能操作是由人力进行储能，并可以快速释放，断路器的分合闸速度取决于储能元件的操作功，与操作者的动作过程无关，只要能储上能即可动作；动力储能是利用人力之外的其他能源在断路器进行操作之前将能源储存到操动机构中，并能完成预定的操作顺序，按储能方式可分为弹簧式、液压式和气压式。

断路器因为要开断和关合短路电流，其开断和关合能力与分合闸速度密切相关，而人力操作很难保证断路器的短路开合能力，这就会威胁到操作人员的人身安全，因此运行部门早已明令禁止使用人力操作的方式进行断路器的分合操作，即便是人力储能操作或者动力储能操作，也禁止运行人员就地带电进行分合闸操作。为了保障运行操作人员的人身安全，断路器应采用动力操作，并禁止就地带电进行操作。

断路器采用动力操作或动力储能操作必须由变电站或发电厂提供操作电源。操作电

源除电磁操动机构需要配置大功率直流合闸电源之外，其他动力储能操动机构只需一般的动力电源。液压机构、弹簧机构或气动机构的操作电源可以是直流电源，也可以是交流电源，这要根据产品的需要和用户的习惯而定，储能所用的电动机是直流还是交流可由厂家和用户协商。但是，运行部门为了保障变电站直流电源的运行可靠性，一般更希望为产品提供交流电源，如果设备要使用直流电动机可以自备整流装置。变电站或发电厂供给断路器操动机构所使用的操作电源，应根据产品的安装数量、导线截面和线路长度，配置合适容量的电源，并应考虑可能同时有几台设备进行分闸操作时，电源电压要保证在规定范围内。对采用电磁操动机构的变电站，直流电源的容量必须要保证合闸时合闸线圈端子上的稳态电压在规定的允差范围内。操作电源在标准中允许的电压范围为85%～110%的额定交、直流电源电压。

断路器合闸和分闸装置中脱扣器所用电源称为控制电源，并联合闸脱扣器在额定电源电压的85%～110%范围内，应能可靠动作。当电源电压不大于额定电源电压的30%时，并联合闸脱扣器不应脱扣。并联分闸脱扣器在分闸装置的额定电源电压的 65%～110%（直流电源）或 85%～110%（交流电源）范围内，均应能可靠动作。当电源电压不大于额定电源电压的30%时，并联分闸脱扣器不应脱扣。要求脱扣器在额定电源电压30%以下不应脱扣的目的是防止脱扣器在变电站中可能产生的干扰电压下发生误动，也是防止意外碰撞或震动时发生误动。合分闸装置的控制电源一般采用相对比较稳定和可控的直流电源。

第三节　GIS 的接地和对安装基础的要求

一、GIS 的接地

GIS 变电站与常规变电站一样，需要承受规定的接地短路电流和尽可能小的接地电阻。GIS 的所有金属部件和外壳在正常运行条件下均应与接地端子连接，构架金属部分的接地，应设计成其连接到接地端子处的导体通过 30A 直流时压降不大于 3V。

GIS 变电站是占地面积远小于常规变电站的紧凑型变电站，它与常规变电站的接地最大的不同是所有的金属外壳均需要接地，因此，如果只用常规的接地可能很难满足 GIS 接地要求，这就需要采取适当的措施满足它的接地要求，一种办法是在常规变电站接地设计中满足 GIS 所提出的要求；一种办法就是 GIS 自身设计专门的辅助地网，然后再与变电站的主地网连接。GIS 的接地分为主回路的接地和外壳的接地，以及辅助和控制设备的接地。

1. 主回路的接地

为了确保维护保养工作时的安全，需要触及和可能触及的主回路所有部件均应能够可靠接地。如果连接的回路有带电的可能性，如线路，应采用具有额定短路关合能力的接地开关接地；如果能够确认连接的回路不会带电，可以采用没有关合短路能力或关合能力小于额定关合能力的接地开关接地。接地开关的接地端子要与 GIS 的外壳绝缘后再接地，其耐压水平一般不低于工频交流 10kV。此外，外壳打开后，除预先通过接地开关接地外，运维人员在回路元件上工作期间，还要能够与可移动的接地装置相连接。

2. 外壳的接地

GIS 的外壳应该采用连续型外壳，即所有金属外壳应该是由金属导体连接而成的电流通道。GIS 的外壳应采用多点接地方式，所有属于主回路和辅助回路的金属部件均应接地，如操动机构箱、汇控柜、所有金属支架和构架等。对于外壳、箱柜和构架的相互连接，可以采用螺栓或焊接，但要保证在可能通过的电流引起的热的或机械的应力下，能够保持接地回路的连续性。

GIS 的外壳，由于电磁感应的作用，会产生与主回路导体中流过电流相反的感应电流。而连续型外壳为感应电流提供了回流电路。对三相共箱式 GIS，在三相电流平衡时，外壳中几乎没有电流；对于三相分箱式 GIS，外壳中的电流可能达到主回路电流的 60%以上；如果主回路发生单相对地短路，无论是共箱式还是分箱式，外壳中会流过很大的感应电流，所以必须保持外壳的电气连续性，特别外壳中的伸缩节、无金属法兰边的盆式绝缘子及各个元件的壳体之间均应采用金属导体跨接，以保证外壳的电气连续性。

如果超高压和特高压 GIS 设有专用的辅助地网，辅助地网应采用截面不小于 $250mm^2$ 的铜导体，网格的疏密和铜排的截面取决于 GIS 的布置、接地点的数量和可能通过的工频短路电流、雷电冲击电流和高频电流的大小，其设计应能确保在故障条件下，外壳上的感应电压及地面上的跨步电压满足接地标准的要求，应能确保人身安全和设备安全。GIS 辅助地网与变电站主地网的连接线应为截面不小于 $250mm^2$ 的铜导体，并要采用焊接。

GIS 专用辅助地网的作用是：① 在系统正常运行时，将三相外壳上感应的不平衡电流引入地网，当系统发送短路故障时，将外壳上感应的瞬时电流快速引入地网；② 将隔离开关开合母线充电电流时引起的特高频暂态电流快速引入地网，以降低对运行人员和二次设备可能造成的不良效应；③ 将 GIS 或 HGIS 在正常运行和故障时在外壳上产生的接触电压和地面上的跨步电压限制到允许的安全范围内。如果 GIS 或 HGIS 变电站不设专用辅助地网，那么变电站内电气装置的接地除应参照国家标准 GB 50065—2011《交流电气装置的接地设计规范》进行设计外，还应满足 GIS 和 HGIS 对接地的要求。

GIS 如果是分箱式结构，三极外壳之间应装设足够数量的短接线，以形成闭环回路，每一个闭环回路应尽可能就近与地网或辅助地网连接，连接线最好为铜材并能承载额定短路电流的作用。短接线的截面应根据额定电流值决定，在正常运行时外壳的温升应满足标准中的规定。三极分箱式结构三相之间之所以要分段装设足够数量的短接线形成闭环回路，是为了避免外壳中的感应电流直接流入接地回路和接地网中，闭环回路的短接线应根据额定电流确定其截面积，并应位于每段的末端。

3. 辅助和控制回路的接地

GIS 的辅助和控制设备的箱体和外壳应该接地，而辅助和控制设备的箱体内还要设置专供接地用的铜排和接地端子，铜排的截面应不小于（4×25）mm^2。箱柜内所有不带电的金属部件要与接地铜排可靠连接，连接线的截面要与接地铜排相同。箱柜内的专用接地铜排至少要在两个位置上通过外壳的接地连接线与 GIS 的接地网相连。还要注意，从 GIS 引至操动机构箱、汇控柜和控制箱的控制、保护、监测等用的电缆的屏蔽层只能一点接地，接地点应设在箱柜的一端。

二、GIS 对安装基础的要求

GIS 应安装在稳定和坚固的基础之上。安装基础应能承受设备的静荷载（设备自重）和 GIS 在操作时产生的操作冲击力，同时还要能够承受外壳热胀冷缩所造成的机械作用力，确保安装基础在长期运行中不发生倾斜、滑移、下沉和裂纹等妨碍 GIS 正常运行的有害现象。GIS 生产厂家应提供 GIS 的重量及操作时产生的作用力（三维方向），外壳热胀冷缩可能造成的位移和作用力，并要明确提出对安装基础的强度和频率特性要求。对强度的要求应包括抗震性能，保证安装基础在地震和操作同时作用下不会发生妨碍 GIS 正常操作的移动、倾斜或损坏。为此，对开关设备安装基础的强度要求应与在发生地震时进行操作的作用力相对应，并应有一定的安全系数。安装基础应具有与 GIS 相同的抗震设计标准。安装基础的固有频率应该尽量远离设备的固有频率，一般应为设备固有频率的 3 倍以上，以尽量降低地震时由于基础的存在而产生的设备响应放大率。

在 GIS 中设有温度补偿波纹管的情况下，安装基础还应考虑承受横向的应力，这部分横向力的产生是由于温度的变化而使 GIS 内充气压力发生变化，作用在波纹管的两端，其中一部分力被波纹管的预压紧弹簧吸收，而另一部分力则作用在波纹管两端的基础上。这一横向应力的大小与 GIS 的充气压力、母线截面积、温度变化范围、波纹管的弹簧预压紧力等因素有关，可通过产品的设计计算得到。

GIS 的安装基础主要包括地基、预埋的固定槽钢、二次电缆沟、一次电缆沟（用于电缆进出线）、架空出线墙洞（户内）和接地点的位置。地基和固定槽钢应满足直线度和水平度的要求，一般情况下水平度的误差每米不大于 1mm，整个安装基础 10m 长范围内误差不大于 5mm。

GIS 安装基础的设计和施工应根据变电站和发电厂的地质条件来确定，对于地质条件较好的地点，如果地基对于所承受的荷载具有充分的支撑能力，在开关设备操作冲击力的作用下不致引起基础下沉、倾斜、转动和滑移，并能保证开关设备可靠分合闸时，一般可采用直接基础形式。当然经过长期运行后，基础可能有一些沉降，但只要是在规定的范围内 GIS 伸缩节可以吸纳。即使在某种程度的软土基的情况下，在施工土方量较少的场合，结合 GIS 的电压等级及开关设备的操作力，通过混合优良土质等方式使地基得到改良，也可采用直接基础形式。对于不能参与直接基础形式的地基情况，如原为沼泽地、深填埋地等软土基时（这种情况可能会不少），要采用打桩的基础形式，以保证基础的沉降或变形在允许范围内。

运行部门应该充分认识到变电站和发电厂 GIS 安装地点的地质条件和安装基础的重要性，设计部门应该根据生产厂家的要求，结合安装地点的地基条件，采用适当的基础形式，并按相应的标准和规范进行基础的设计和施工。要确保安装基础的稳定性和可靠性，确保 GIS 设备能够安全运行和可靠操作。

第四节　GIS 在运行中应具备的技术性能

GIS 是由各种不同技术性能的元件组合而成的高压开关成套设备，运行中的 GIS 需要完成系统电力的输送、保护和控制任务，还要做好过电压防护、电力计量等工作。因此，GIS 在运行时必须能够保证开关设备动作准确可靠，电力计量精确，避雷器保护可靠。这就要求 GIS 必须具备良好的机械性能、绝缘性能、热性能、密封性能、开合性能和内部故障的防护性能，以确保在其使用寿命周期内安全可靠运行。

一、GIS 的运行可靠性

GIS 产品与敞开式产品相比具有占地面积小、现场安装工作量少、少维护及操作便捷等性能，因而得到了广泛的使用，但如在运行中发生故障，其影响面大，且故障排除困难，停电时间长，因此 GIS 的运行可靠性显得尤为重要。

影响 GIS 运行可靠性的主要因素有以下几个方面：

（1）产品设计，包括总体结构、电场、开断与关合能力、气密性、机械传动等设计，以及二次控制及相关的材料和元器件选用，产品设计是保证产品可靠运行的源头，也是达到产品"本质可靠"的出发点。

（2）试验验证，包括型式试验、出厂试验和现场试验等。型式试验是对产品设计和制造结果的各项性能的全面验证，通过型式试验的 GIS 产品能够排除大部分设计和制造方面的缺陷，因此通过型式试验是每一种 GIS 产品的最基本要求。但是由于提供产品型式试验样机的有限性（样本数量有限），通过型式试验的产品并不意味着今后生产的产品可靠性能够得到保证。形成批量供货的产品，还要通过严格的出厂试验和现场试验来验证其生产过程、现场安装等环节中性能的保证，排除不良元器件和不良作业产生的缺陷。因此出厂试验和现场试验是保证 GIS 可靠运行的重要环节。

（3）全过程质量控制，包括工程设计、原材料、元器件控制、工厂内生产制造、装配、运输装卸、现场安装调试等。

（4）运行维护和检修，GIS 的维护保养和检修应根据产品说明书的要求进行，一般分为巡视检查、定期检查、临时检查和检修。特别是当 GIS 运行中有异常情况时，一定要生产厂家和用户双方配合认真查找和分析产生异常的原因，并及时排除。要根据故障分析结果举一反三查找和排除产品中类似的隐性缺陷。大量的实例说明正确合理的维护保养和检修可有效地保证 GIS 及附属设备的性能，预防事故的发生。

二、绝缘性能

绝缘性能是 GIS 最为重要的性能指标，尤其是内绝缘的性能影响更大。GIS 内绝缘故障将会导致设备损坏和停运，并威胁到系统的运行安全。GIS 应能长期耐受额定电压，新出厂的产品还应能承受额定短时工频耐受电压、额定雷电冲击耐受电压及额定操作冲击耐受电压（363kV 及以上）。

GIS 内的主绝缘由绝缘气体（SF_6 气体为主）及固体绝缘件，包括盆式绝缘子、支撑绝缘子、绝缘台或筒、绝缘拉杆或绝缘传动杆等组成。

SF₆气体具有稳定的绝缘性能，在额定充气压力和水分含量不超标的前提下，能够长期保证 GIS 产品的绝缘水平。GIS 的充气压力可以通过压力表（密度表）或传感器来监控。SF₆气体压力应至少设置三个数值，即额定充气压力、报警压力及最低功能压力，三个数值之间应有足够的差值。例如，额定充气压力为 0.5MPa，报警压力为 0.45MPa，最低功能压力为 0.4MPa。根据标准规定，GIS 的型式试验和出厂试验，凡与充气压力相关的性能试验均应在最低功能压力下进行。

GIS 中固体绝缘件在长期运行过程中会发生绝缘性能下降，存在一定的绝缘性能失效的概率。

运行中的 GIS 长期受到电场应力、机械应力以及导体发热的影响。如果产品存在电场设计缺陷，绝缘件存在自身缺陷或在制造过程中、现场安装过程中以及 GIS 开关动作中产生异物和金属微粒等，都会造成绝缘性能失效事故。

由于绝缘体故障的时效性和概率分布的性质，绝缘故障往往要经过一段时间的运行（几年或更长时间）和一定量的产品数才可能发生。即使严格的型式试验、出厂试验和现场试验也不能完全排除 GIS 发生内部绝缘故障的隐患。

GIS 电场优化设计对于保证绝缘件的可靠性是至关重要的。电场设计应保证绝缘件表面电场强度的均匀，特别是绝缘件与导体、壳体连接处，应避免楔形气隙的存在、防止电场畸变。

消除绝缘件内部缺陷是保证绝缘可靠性非常重要的措施，可以通过 X 光透视和局放检测来排除，GIS 中使用的绝缘件要求局部放电量在规定的电压下不大于 3pC。

GIS 内部异物的存在会对绝缘强度带来极大的损害。异物的产生，一部分可能是由工厂内的装配过程或在现场安装过程中的不洁净所致，而另一部分可能会在开关设备动作过程中产生，有些可能是在充气过程中通过充气管路进入。防止异物的危害，一方面要从 GIS 产品的生产工艺入手防止微粒的产生；另一方面要从 GIS 产品的结构设计入手，防止微粒落到绝缘件表面，还可以设置"微粒捕获装置"或"微粒陷阱"。保证 GIS 的现场安装条件和洁净度是防止异物带入或产生异物的重要而有效的技术措施。

从运行维护的角度，保证 GIS 的绝缘可靠性主要是通过对绝缘气体（如 SF₆）和绝缘件的监控来完成的。SF₆气体的监控主要是对压力（密度）的监测和水分含量的定期监测，实施起来比较简单可行。而对绝缘体的监控，在有条件的现场可通过局放测试来发现和查找可能存在的缺陷。

对于容易产生微粒的气室，如断路器和隔离开关气室，在出厂进行操作试验或现场进行操作试验后，以及在经过长时间运行和多次操作后，在有条件的情况下要对气室进行清理，特别是盆式绝缘子为水平布置的气室，应认真清洁绝缘体的表面。

GIS 的绝缘性能决定了 GIS 的运行可靠性，而决定绝缘性能的关键是绝缘结构的设计场强计算和制造质量，特别是固体环氧绝缘件的设计和制造质量控制。生产厂家必须要精心设计、慎重选材、严格工艺管理和性能检验，要确保装配过程的清洁度，严格出厂绝缘试验。

三、气密性

GIS 的气密性对保证其运行时的绝缘及开断性能是至关重要的。构成 GIS 本体的外壳、动密封、静密封、盆式绝缘子、进出线套管以及充气阀门、连接气管等都会对产品的气密性产生不同程度的影响。按照 GIS 出厂控制要求，GIS 产品的年泄漏率一般低于0.5% 或 0.1%。若产品保持这一泄漏标准，则至少能够运行 20 年，不用补充气体。但实际运行的产品往往会发生泄漏率超标的现象，说明 GIS 的密封性能具有时效性，要保证 GIS 长期的气密性，需从产品的设计和生产过程的控制入手。例如，密封结构和密封件的设计，密封材料的选择及质量控制，耐高、低温的性能，铸件壳体内部缺陷控制、焊接壳体的焊缝控制等。

GIS 在运行中需关注其充气压力（密度）的变化，当发现压力（密度）变化异常时应及时补足充气压力并查找泄漏点，根据泄漏点的位置与生产厂家一起分析泄漏的原因，确定需更换的元器件并给予及时的更换。需要注意的是，环境温度突然升高或压力（密度）表在阳光直射时，压力（密度）显示会有所下降，这是由压力（密度）表局部温度升高而产生的热补偿所致，而非产品充气压力（密度）的损失。当局部温度与产品温度趋于一致时，压力（密度）显示就会恢复正常。

四、热性能

运行中的 GIS 要长期承载工作电流和短时通过短路电流。正常运行时 GIS 应能长期承载额定电流，导电回路和外壳的温升应在标准规定的范围内。GIS 的载流系统和触头要能够承载短路故障电流，直至额定短路电流，而不应过热和触头熔焊。

GIS 产品的发热主要是由焦耳发热（I^2R）产生的，对钢制外壳特别是钢制三相分箱式外壳，还应考虑涡流发热，发热功率与主回路电阻成正比，主回路导体产生的热量通过热辐射、传导（主要通过 SF$_6$ 介质）和对流的方式传递到产品外壳，再由外壳向周围空气中传递热量。在长期通流的情况下，随着主回路导体和外壳温升到达一定程度，发热功率与散热功率相等时，产品温升将趋于稳定。

运行中 GIS 内部导体的温升（温度）是很难测量的，一般只能通过检测外壳的温升（温度）间接判断内部导体的发热情况。产品的载流能力一般是通过温升试验来验证的，而温升试验属于型式试验，这就要求型式试验的样机与产品有高度的一致性，从而保证产品的热性能。

运行中的 GIS 发生载流故障主要是由主回路导体的电接触不良所致，如固定连接螺栓松动、活动连接镀层质量问题等。电接触不良会导致局部电阻增大并使局部温度升高，过高的温度会使电阻进一步增大，最终导致接触部位烧毁并可能扩大为短路事故。

引起 GIS 产品外部发热的另一个原因是外壳和汇流导体。运行中 GIS 产品的外壳和汇流导体中通过的电流可能达到主回路电流的 60% 以上，这就要求外壳和汇流导体具备一定的通流能力，特别应关注的是波纹管上的跨接导体及汇流母排的截面。

五、机械性能

GIS 在运行中会受到操动机构动作时产生的作用力、充气压力产生的应力、短路故障产生的电动力，以及热胀冷缩及安装基础变形而产生的应力等。GIS 的各种机械部件和支撑件应具备一定的机械强度和刚度，在各种机械负荷的作用下不会变形和损坏，并能够确保开关设备动作的准确性、稳定性和可靠性，从而确保 GIS 的电气可靠性。

GIS 中的各种操动机构，无论是断路器还是隔离开关或接地开关，其动作可靠性对于 GIS 的运行都是至关重要的。由于开关操动机构的动作特点，即平时大部分时间处于静止状态，而一旦动作则需要准确无误，这类结构的机械隐患在机构不动作时很难发现，只有当机构动作时问题才会暴露出来，这时已造成了 GIS 的机械故障。

操动机构及其传动装置的误动、拒动及分、合不到位是引起 GIS 故障的主要因素之一。运行中的 GIS 其操动机构很容易受到环境的影响，特别对于户外运行的产品。因此 GIS 产品在设计阶段就应当充分考虑环境对操动机构性能的影响，一方面要做好机构本身的防护，如防雨、防潮、防沙尘，低温环境下的加热和保温措施；另一方面应选择防锈的材质作为零件的材料。

GIS 由于其封闭的特点，一般开关的合分位置状态难以直接观察到，而需要从开关的外部分合指示和辅助开关发出的分合位置信号来判断。这些外部指示或信号的准确性都会影响运行人员对于运行中开关合分状态的判断。开关的分合指示装置及位置信号装置在产品设计和制造阶段应特别给予重视，其准确性将直接关系到开关运行的可靠性。

运行中的 GIS 产品应当按照产品使用说明书的要求做好平时维护工作，以保证其机械性能。很大一部分机械性能上的缺陷往往可以通过平时的巡视和定期检修来发现并得到解决。

六、开断和关合性能

1. 断路器的开合性能

GIS 中的断路器应满足断路器应具备的技术性能：开断和关合短路的性能、开合容性电流的性能、开合感性电流的性能等等，这些内容在《电气设备运行及维护保养丛书 高压交流断路器》一书中已有详细的描述。

2. 隔离开关的开合性能

GIS 中的隔离开关应具备开合母线转换电流的功能，即将运行中变电站的负荷电流从一个母线系统转换到另一个母线系统。隔离开关应具有的关合和开断转换电流的能力取决于转换的负荷电流值、母线的连接位置与被操作隔离开关之间的环路距离。标准中规定，额定母线转换电流不超过 1600A。但是对于大容量变电站，当母线电流很大时，如 4000A 及以上时，应根据接线情况进行核算，验证 1600A 是否能满足要求。

GIS 中的隔离开关还应具备开合母线充电电流的能力，即接通或断开部分母线系统或类似的容性负载时，隔离开关应能开合的电流。规定的母线充电电流（有效值）：额定电压 72.5kV-0.2A、126kV-0.5A、252kV-1.0A，大于等于 363kV 时为 2.0A。运行经验发现，用气体绝缘封闭开关设备的隔离开关开合小的容性电流时，由于隔离开关开断过程中触头间的多次击穿，以及电压波在很短的空载母线段上和 GIS 中来回反射，会产生快速瞬态过电压（VFTO），并可能损坏 GIS 和变压器的绝缘或造成对地破坏性放电，并会干扰二次设备工作，这种现象在 330kV 和更高电压等级的系统中更为突出。因此为了避免这种操作产生 VFTO 而发生破坏性的对地放电和设备损坏，隔离开关在设计时应考虑适当技术措施，如加装投切电阻或在隔离开关附近的中心导体上加装高频磁环等其他措施。

GIS 中的快速接地开关（FES）应具备关合短路的能力和开合感应电流的能力，具有额定短路关合能力的接地开关，应能在额定电压下关合额定峰值耐受电流。E1 级接地开关应能完成至少两次关合。

对于同塔多回路架设的线路或平行近距离架设的线路，其线路侧的接地开关应具备开合停电线路的感应电流的能力，即应能够开断和关合电磁感应（当线路的一端开路，接地开关在线路的另一端操作时）和静电感应电流（当线路的一端接地，接地开关在线路的另一端操作时）。接地开关的额定感应电流和电压的标准值见表 2-14。

七、内部故障的防护性能

当运行中的 GIS 发生内部相间或对地短路时即为内部故障产生。由内部故障电弧产生的能量将会引起 GIS 罐体内部压力增高和局部过热，如果没有有效的防护措施，可能会发生壳体烧穿，严重时还可能发生罐体爆炸，产生极为严重的事故后果。因此 GIS 必须具有安全可靠的内部故障防护性能。GIS 内部故障的防护性能对 GIS 外壳的设计或压力释放装置的设置提出了具体要求，应使电弧的外部效应受到一定的限制，防止周边人员受到伤害。在内部故障情况下，压力释放装置的设置可防止 GIS 内部过高压力的产生，尤其对于一些小的气室，如电压互感器、避雷器等。压力释放装置气体逸出方向应在设计时给予控制，应使运行人员在正常可触及的位置工作时没有危险。对于不设置压力释放装置的大的隔室，如容积较大的主母线气室，应在设计时通过计算验证，保证内部电弧产生的过压力能够自身限制到不超过型式试验的压力。

内部故障对外壳产生的效应主要取决于系统短路电流、电弧持续时间和隔室容积的大小，确定外壳防护性能的判断依据见表 3-3。

表 3-3　　　　　　　　　　确定外壳防护性能的判据

额定短路电流（kA，有效值）	保护段	电流持续时间（s）	性能判据
<40	1	0.2	除了适当的压力释放装置动作外没有外部效应
	2	≤0.5	对钢外壳不允许烧穿 铝合金外壳允许烧穿，但不能有碎片喷出
≥40	1	0.1	除了适当的压力释放装置动作外没有外部效应
	2	≤0.3	对钢外壳不允许烧穿 铝合金外壳允许烧穿，但不能有碎片喷出

第四章

气体绝缘金属封闭开关设备的试验

第一节 型 式 试 验

一、概述

型式试验的目的在于验证所设计和制造的 GIS 及辅助设备的各种性能是否符合 GIS 标准和实际运行工况的要求。

GIS 的型式试验有各组成元件的试验，也有 GIS 分装或总装的试验。

以 GB 7674—2008《额定电压 72.5kV 及以上气体绝缘金属封闭开关设备》作为一个总的原则，除非标准中规定有特定的试验要求和条件，否则对 GIS 元件的试验应按各自相关的标准进行。

除非规定了特定的试验说明，否则型式试验应在完整的功能单元（单极或三极）上进行。如果这样不可行，型式试验可在有代表性的总装或分装上进行。

由于元件的类型、额定值及组合的多样性，对 GIS 的所有布置进行型式试验是不现实的。所有特定布置的性能可以根据有代表性的总装或分装获得的试验结果核实。用户应核查试验过的分装能代表用户的布置和连接形态。

型式试验只代表产品的设计水平，它与正常生产的产品质量没有直接的关系，反映不了产品的质量。正常生产的产品应该确保与已经通过型式试验的样机的技术性能相一致，以确保批量产品的技术性能。

下述情况 GIS 应进行型式试验：

（1）新设计和试制的产品，应进行型式试验。

（2）转厂和易地生产的产品应进行全部规定的型式试验。

（3）当生产中的产品在设计、工艺、生产条件或使用的关键材料、关键零件发生改变而影响到产品性能时，应进行相应的型式试验。

（4）正常生产的产品，每隔 8 年应进行一次温升、机械寿命、关合和开断、短时耐受和峰值耐受电流试验，其他项目的试验必要时也可抽试，具体试验要求见相关的产品标准。当操动机构所测得的参考机械行程特性曲线发生变化时，应进行全部型式试验。当采用替代的操动机构或者原来的操动机构布置方式发生改变时，但机械行程特性曲线仍在规定的允许范围内，可只进行基本短路试验方式 T100S、峰值耐受电流和机械寿命试验。

（5）不经常生产的产品（停产三年以上）再次生产时应按（4）的规定进行验证试验。

（6）对系列产品或派生产品应进行相关的型式试验，有些试验可引用相应的有效试验报告。

GIS 的型式试验属于定型试验，试验结果将决定产品是否可以投入生产和上网运行。因此型式试验必须在有相应试验资质和使用部门认可的试验室进行，生产厂家不能在自己的试验室为自己的产品进行型式试验，即使具有相应的试验资质和认可，它也只能对第三方的产品进行型式试验，以确保试验的公正性。生产厂家应该向试验室提交必须的图样和资料，要保证送交的图样和资料均为正确版本且确实与受试 GIS 相符，而且要保证是生产厂家自己试制的试品。试验室应该确认生产厂家提供的图样、资料确实代表了受试 GIS 的元件和零部件，而且是生产厂家自制的全新样机。确认试品的真实性是各试验室应该履行的一项责任和义务。确认完毕后试验室应保留图样和资料清单，并将零件图和其他资料归还生产厂家封存。标准中规定了为确认断路器的主要零部件需要向试验室送交的图样和资料。

型式试验完成后，试验室应为生产厂家出具一份具有相应资质和认可标志的型式试验报告。型式试验报告应该包括被试 GIS 的主要元部件的资料，如受试元件的型号、出厂编号、制造日期、额定特性、主要零部件的生产厂家和额定值、配用的操动机构的型式和生产厂家等。型式试验报告应包括所有型式试验的结果、试验过程中的表现、试验过程中的维修和更换情况、代表性的试验实测示波图和试验设备、接线图、试品照片等。型式试验报告内的数据和波形图应该足以证明试品符合相应标准和技术条件的规定，并作出试验合格的明确判定。

二、试验项目

GIS 的型式试验项目分为强制的试验项目和根据用户要求的试验项目。在每一项目中未做说明的均为强制的试验项目。

（1）绝缘试验；

（2）无线电干扰电压（r.i.v.）试验；

（3）主回路电阻测量和温升试验；

（4）短时耐受电流和峰值耐受电流试验；

（5）开关装置开断关合能力试验；

（6）机械操作试验；

（7）外壳防护等级的验证；

（8）气体密封性试验和气体状态检查；

（9）电磁兼容性试验（EMC）；

（10）辅助和控制回路的附加试验；

（11）隔板（盆式绝缘子）的试验；

（12）外壳强度试验；

（13）接地连接的腐蚀试验；

（14）内部故障电弧试验；

（15）验证在极限温度下的机械操作试验；

（16）绝缘子试验。

1. 绝缘试验

（1）耐压试验。耐压试验是为了验证 GIS 的绝缘性能是否满足设计和标准的要求。试验时 GIS 的绝缘件外表应处于清洁状态，并在规定的最低功能压力下进行试验。对于额定电压 $U_r \leqslant 252\text{kV}$ 的 GIS 进行工频电压和雷电冲击电压试验，耐压水平应满足表 4-1 的要求。对于额定电压 $U_r > 252\text{kV}$ 的 GIS 进行工频电压、雷电冲击电压和操作冲击电压试验，耐压水平应满足表 4-2 的要求。

对于工频电压试验，不允许发生破坏性放电。对于冲击电压试验（雷电冲击和操作冲击），非自恢复绝缘上不应出现破坏性放电；对于自恢复绝缘，在进行至少 15 次的冲击试验时允许出现 2 次破坏性放电，但最后一次放电后至少应通过 5 次冲击试验。

GIS 除瓷质出线套管外，复合绝缘套管和外壳内绝缘件的闪络击穿无论是绝缘体内部还是外表面均属非自恢复绝缘。

GIS 的气体绝缘部分，因其气体密封特性，绝缘水平不受大气环境的影响，因此试验电压不进行海拔的修正。对于 GIS 的出线套管，当使用地点的海拔大于 1000m 时，试验时应按照相关标准给予海拔修正。

当 GIS 使用户外套管时，还应进行湿试验和污秽试验。此外，应对所有连接形态进行绝缘试验。

GIS 中的电压互感器或避雷器应按各自的标准单独试验，在对 GIS 进行耐压试验时，不应对这些元件加压。

表 4-1　　　　　　　　　　额定电压 72.5～252kV 的额定绝缘水平　　　　　　　单位：kV

额定电压（有效值）U_r	额定工频短时耐受电压（有效值）U_d		额定雷电冲击耐受电压（峰值）U_p	
	通用值	隔离断口	通用值	隔离断口
（1）	（2）	（3）	（4）	（5）
72.5	160	200	350	410
126	230	230（+70）	550	550（+100）
252	460	460（+145）	1050	1050（+200）

注　1. 根据我国电力系统的实际，本表中的额定绝缘水平与 IEC 62271-1—2011 表 1a 的额定绝缘水平不完全相同。

2. 本表中项（2）和项（4）的数值取自 GB 311.1—2012 的数值为中性点接地系统使用的数值。

3. 126kV 和 252kV 项（3）中括号内的数值为 $1.0U_r/\sqrt{3}$，是加在对侧端子上的工频电压有效值；项（5）中括号内的数值为 $1.0U_r\sqrt{\dfrac{2}{3}}$，是加在对侧端子上的工频电压峰值。

4. 隔离断口是指隔离开关、负荷——隔离开关的断口及起联络作用或作为热备用的负荷开关和断路器的断口。

表 4–2				额定电压 363kV 及以上的额定绝缘水平				单位：kV
额定电压（有效值）U_r	额定短时工频耐受电压（有效值）U_d		额定操作冲击耐受电压（峰值）U_s			额定雷电冲击耐受电压（峰值）U_p		
	极对地和极间	断口	极对地	极间	断口	极对地和极间	断口
（1）	（2）	（3）	（4）	（5）	（6）	（7）	（8）
363	510	510（+210）	950	1425	800（+295）	1175	1175（+295）
550	740	740（+315）	1300	1950	1175（+450）	1675	1675（+450）
800	960	960（+460）	1550	2480	1425（+650）	2100	2100（+650）
1100	1100	1100（+635）	1800	2700	1675+（900）	2400	2400+（900）

注　1. 根据我国电力系统的实际，本表中的额定绝缘水平与 IEC 62271–1 表 2a 的额定绝缘水平不完全相同。

2. 本表中项（2）、项（4）～项（7）根据 GB 311.1—2012 的数值提出。

3. 本表中项（3）括号内的数值为 $1.0U_r/\sqrt{3}$，是加在对侧端子上的工频电压有效值；

项（6）括号内的数值为 $U_r\sqrt{\dfrac{2}{3}}$，是加在对侧端子上的工频电压峰值；

项（8）括号内的数值为 $1.0U_r\sqrt{\dfrac{2}{3}}$，是加在对侧端子上的工频电压峰值。

4. 本表中 1100kV 的数值是根据我国电力系统的需要而选定的数值。

（2）局部放电试验。局部放电（PD）测量应在耐压试验后进行，一般工频耐压试验和局部放电试验可以同时进行。试验时外施工频电压升高到预加值（工频耐受电压）并保持 1min。然后降到 PD 测量的试验电压 5min 后进行 PD 测量（见表 4–3）。

表 4–3	测量局部放电量的试验电压			
	中性点直接接地的系统		中性点非直接接地的系统	
	预加电压 $U_{pre-stress}$（1min）	PD 测量的试验电压 $U_{pd-test}$（＞1min）	预加电压 $U_{pre-stress}$（1min）	PD 测量的试验电压 $U_{pd-test}$（1min）
单极外壳设计（极对地电压）	$U_{pre-stress}=U_d$	$U_{pd-test}=1.2U_r/\sqrt{3}$	$U_{pre-stress}=U_d$	$U_{pd-test}=1.2U_r$
三级外壳设计	$U_{pre-stress}=U_d$	$U_{pd-test,\ ph-ea}=1.2U_r/\sqrt{3}$ $U_{pd-test,\ ph-ph}=1.2U_r$	$U_{pre-stress}=U_d$	$U_{pd-test}=1.2U_r$

注　U_r——设备的额定电压；

U_d——表 4–1 和表 4–2 中规定的工频耐受试验电压；

$U_{pre-stress}$——预加电压；

$U_{pd-test}$——PD 测量的试验电压；

$U_{pd-test,\ ph-ea}$——PD 测量的试验电压，极对地；

$U_{pd-test,\ ph-ph}$——PD 测量的试验电压，极间。

在上述电压下，最大允许局部放电量不应超过 5pC。

（3）辅助和控制回路的绝缘试验。

（4）作为状态检查的电压试验。

2. 无线电干扰电压（r.i.v.）试验

无线电干扰电压试验的目的是测量 126kV 及以上，具有 SF_6/空气套管的 GIS 在运行中可能发生的外部电晕放电，确定无线电干扰随电压变化的特性曲线，并要求在 $1.1U_r/\sqrt{3}$ 下无线电干扰电平不超过规定值，在晴天夜晚无可见电晕。为了尽量降低设备的无线电干扰电平，改善变电站和发电厂的电磁环境，电力行业标准 DL/T 593—2006《高压开关设备和控制设备标准的共用技术要求》将 IEC 标准中规定的 $1.1U_r/\sqrt{3}$ 下无线电干扰电平不超过 2500μV 提高为不超过 500μV。目前我国 1100、800、550kV 断路器均可达到这一要求，而且 1100kV 及以下隔离开关也可以达到这一要求。无线电干扰电压试验应采取适当措施保证试验室的无线电干扰的背景电平比规定的无线电干扰电平至少低 6dB，最好低 10dB。试验时可将绝缘子擦拭干净，以免其上的纤维和灰尘产生影响，试验时的相对湿度不要超过 80%。无线电干扰电压试验回路如图 4-1 所示。

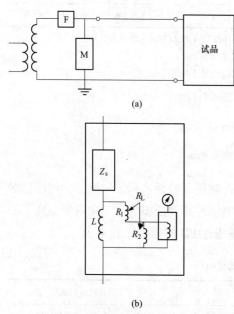

图 4-1　无线电干扰电压试验回路
（a）试验回路；（b）M 的详图

3. 主回路电阻测量和温升试验

（1）主回路电阻测量。GIS 的主回路电阻测量适用于温升试验和短路试验前后。试验前测得的回路电阻值作为温升试验和短路试验的基础数据，试验后的回路电阻值用于判断产品经过温升或短路试验后回路电阻的变化是否在标准规定的范围内。按现行标准的要求，试验后回路电阻的增加不应超过 20%。

为获得足够的准确度，测量回路电阻所施加的电流应等于或高于 100A（直流），对特高压 GIS 应不小于 300A（直流）。

GIS 回路电阻的测量在试品充气状态下进行，也可以在试品未充气时（处于敞开的大气环境下）测量。

（2）温升试验。温升试验的目的是检验 GIS 产品的载流能力（热性能），也就是 GIS 承载额定电流长期运行时其各部位的温升值不超过标准规定的值。

温升试验应在基本没有空气流动的试验室内进行，空气流动速度不超过 0.5m/s，试品周围的空气温度应高于+10℃。

试品应充入最低功能压力的气体。对于三极 GIS 产品应进行三相试验。如果每一极是单独封闭的 GIS，极间的影响可以忽略，试验也可以在单极上进行，这时流过外壳的电流应达到额定电流。

为使温升达到稳定状态，通流时间应足够长，若在 1h 内温升的增加不超过 1K，则认为达到了稳定状态。试验时由电源连接到试品的接线应不会明显地帮助试品散热或向试品导入热量，在距试品端子 1m 处的连接线的温升与端子的温升相差不超过 5K。

按照电力行业标准的要求，试验应在 GIS 的 1.1 倍额定电流（I_r）下进行，电源电流为 50Hz 正弦波。

4. 短时耐受电流和峰值耐受电流试验

本试验的目的是检验 GIS 承载额定短路电流的能力。在系统发生短路的情况下，通过 GIS 的暂态峰值电流和稳态短路电流会产生很强的机械应力和热应力，试验应在具有代表性的主回路和接地回路上进行，应包括所有的连接形态和连接方式。

在具有三极外壳的 GIS 或单极外壳的 GIS 中的开关元件，如断路器、隔离开关、接地开关等三极共用一个操动机构的情况下，均应进行三相试验。对于单极外壳并使用单极操作的 GIS，可以进行单相试验，试验时要求外壳中应有全部的返回电流。

施加的试验电流应分别等于或大于 GIS 产品的额定峰值耐受电流和短时耐受电流。短路电流的持续时间应不小于 GIS 产品的额定短路持续时间。

GIS 在完成试验后，不应有损坏、触头分离或熔焊，应能进行正常的空载操作且断路器、隔离/接地开关的触头应在第一次分闸操作时即可分开。应测量回路电阻，测量结果不应超过试验前回路电阻测量值的 20%。

GIS 的接地回路应通过试验证明其耐受额定短路电流的能力。工厂装配的接地回路应包括接地导体、接地连接和接地装置，且应与 GIS 安装在一起进行试验。试验后，外壳内的元件和导体不应出现影响主回路正常运行的变形或损坏，并保证接地回路的连续性。

5. 开关装置开断关合能力试验

（1）构成 GIS 主回路的开关装置，如断路器、隔离开关和接地开关、负荷开关等，应在正常的安装和使用条件下，按照相关的标准进行试验，来验证它们的额定短路开断关合能力和额定开合能力。

（2）GIS 中具备短路关合能力的接地开关，应在正常的安装和使用条件下，按照 GB 1985—2014《高压交流隔离开关和接地开关》标准进行试验，来验证其额定短路关合能力。

6. 机械操作试验

（1）开关装置的行程–时间特性测量。GIS 中的断路器、隔离开关、接地开关等开关装置应按各自的标准进行行程–时间特性曲线的测量，并满足各自的技术要求。

（2）正常温度下的机械操作试验。GIS 中的断路器、隔离开关、接地开关等开关装置应按各自的标准进行机械操作试验（机械寿命试验），按照现行的标准，机械寿命分为两挡，即 M1 和 M2 级。M1 级断路器操作次数为 2000～5000 次。M1 级隔离开关和接地开关操作次数为 3000 次。M2 级断路器、隔离开关和接地开关的操作次数均为 10 000 次。

机械操作前后，应对 GIS 产品进行气体密封性测量，以证明因机械操作试验造成的影响没有降低对产品泄漏率的要求。

对 GIS 中装设的连锁装置应进行 50 次操作循环来检查相关连锁的正确性。每次操作前，连锁应设定在防止开关装置动作的位置，然后对每一台开关装置进行一次操作。

试验期间，仅允许使用正常的操作力且不应对开关装置和连锁进行调整。

（3）高低温试验。GIS 的高低温试验是指 GIS 在最高和最低温度下的操作试验，相关的标准对 GIS 中的开关装置，如断路器、隔离开关和接地开关均有比较详细的规定。综合上述开关装置的标准，对 GIS 的高低温试验作如下建议：

1）高低温试验适用于户外使用在高、低温地区的 GIS 产品。低温地区使用的 GIS 产品的低温试验可以与加热装置的试验同时进行。

2）对–10℃级的户外 GIS 不要求低温试验。

3）在不具备高低温试验条件时，可由生产厂家提供 GIS 产品现场运行的经验资料，来证明已有的 GIS 产品符合高低温试验的要求。

7. 外壳防护等级的验证

由于 GIS 产品的一次回路（除出线套管外）是完全气体密封的，所以不需要对其进行防护等级的验证。防护等级的验证主要针对构成 GIS 产品的一部分操动机构箱、二次汇控柜等的外壳。

作为户内使用的 GIS 产品，防护等级的设定主要考虑异物的进入。一般 IP4X 即可防止大于或等于 $\phi1.0mm$ 的异物进入外壳，推荐的撞击水平为 IK07（2J）。

户外使用的 GIS 产品还应考虑防止尘土和雨水的进入，一般要求为 IP44、IP54 或更高的要求，即可以防止尘土进入和下雨时引起的溅水；推荐的撞击水平为 IK10（20J）。

8. 气体密封性试验和气体状态检查

密封性试验是为了验证 GIS 本体所使用的气体的漏气率是否满足规定的要求。根据现行国家标准，采用封闭压力系统的 GIS 产品的任一单个隔室泄漏到大气和隔室间的年漏气率不超过 0.5%。

密封性试验应在机械寿命试验前、后及极限温度下的操作试验期间进行。GIS 要和运行使用时的工况相同。在超出正常使用温度的极限温度状态下，GIS 的暂时漏气率允许超出正常使用温度下的规定值。如果在正常温度（–5～+40℃）情况下漏气率为 F_p，则允许的暂时漏气率为 $3F_p$（+40～+50℃，–40～–5℃）或 $6F_p$（–50℃）。

作为型式试验的密封性试验，一般采用扣罩法测量一定时间内的漏气量，换算得出年漏气率。对于 GIS 整间隔泄漏到大气中的漏气率，采用扣罩法可以得到比较准确的数据。因为 GIS 间隔内充入的气体量及扣罩的容积是准确可测量得到的。对于充气隔室间漏气率的检测则应采用其他的方法，如将充气隔室相邻的隔室置于大气压力下封闭，测量一定时间内泄漏到相邻隔室内的气量，再换算得出年漏气率，也可得出较为准确的数据。

9. 电磁兼容性试验（EMC）

电磁兼容性试验由发射试验和抗扰性试验组成，目的是验证 GIS 产生的无线电干扰电平和 GIS 中辅助和控制回路包括电子设备和元件的抗扰性能。

（1）主回路的发射试验（r.i.v）。

额定电压 126kV 及以上，采用 SF_6–空气套管作为出线方式的 GIS 应按照产品标准中的规定进行该项试验。

如果在 $1.1U_r/\sqrt{3}$ 下无线电干扰电平不超过 $500\mu V$，则 GIS 产品通过了试验（U_r 为 GIS 的额定电压）。

（2）辅助和控制回路的抗扰性试验。

GIS 辅助和控制回路中的电子设备和元件应按照相关的标准完成抗扰性试验，在此基础上 GIS 的辅助和控制回路应进行以下试验：

1）电快速瞬变脉冲串试验，用以模拟在二次回路中开合引起的工况。

2）振荡波抗扰性试验，用以模拟主回路中开关电器开合引起的工况。

电磁抗扰性试验应在完整的辅助和控制回路上进行，也可在分装如 GIS 汇控柜、操动机构箱等上进行。

10. 辅助和控制回路的附加试验

此项试验的目的是验证 GIS 中辅助和控制回路作为一个整体是否满足要求，而不对二次元件进行单独试验。各个二次元件应符合各自相关的标准并已做过相关的试验。试验项目包括：

（1）功能试验，验证二次回路与 GIS 装配在一起的正确功能，这项试验可以在进行 GIS 的机械操作试验时同时得到验证。

（2）接地金属部件的接地连续性试验。此项试验的目的是验证 GIS 中的接地金属部件，如操动机构箱、汇控柜、金属支撑体、控制电缆屏蔽层等的接地连续性。仅对设计有怀疑时进行试验，试验时金属部件到提供的接地点在通过 30A（直流）电流时，电压降应小于 3V。试验在辅助和控制回路的外壳上进行时，如门、门把手、框架和金属外壳的接地，应通以 12V、最小 2A 直流电流，只要测量的电阻小于 0.5Ω 即可。

（3）辅助触头动作特性的验证。GIS 二次回路中的辅助触头，如辅助开关、行程开关、接触器等元件的触头应当通过此项试验得到验证。需要通过验证的功能包括额定连续电流、额定短时耐受电流、开断能力等。

（4）环境试验。此项试验的目的是验证 GIS 中完整的辅助和控制回路在实际运行条件下所采取的措施的效果和各项功能的正确性。这项试验可以在 GIS 本体的环境试验中得到验证。试验包括寒冷试验、干热试验、恒定湿热试验、交变湿热试验、振动响应和抗震试验，试验应按 GB/T 2423.1~4—2008《电工电子产品环境试验》和 GB/T 11287—2000《电气继电器 第 21 部分：量度继电器和保护装置的振动、冲动、碰撞和地震试验 第 1 篇：振动试验（正弦）》规定进行。

（5）绝缘试验。GIS 的辅助和控制回路应能承受短时工频电压耐受试验，试验电压为 2kV，持续时间为 1min。

（6）直流输入功率接口纹波抗扰性试验。

此项试验只适用于电气和电子元件。试验要按 GB/T 17626.17—2005（IEC 61000–4–17：2002）《电磁兼容（EMC）第 4–17 部分：试验和测量技术 直流电源输入端口纹波抗扰度试验》规定进行。GIS 产品应明确对哪些元件需要进行此试验（如它不适用于电动机、电动机操动的隔离开关）。

（7）直流输入功率接口的电压跌落、短时中断和电压变化的抗扰性试验。交流管理部分的电压跌落、短时中断和电压变化试验应符合 IEC 61000–4–11：2004《电磁兼容（EMC）第 4–11 部分：试验和测量技术　电压暂降、短时中断及电压变化抗扰度试验》规定，直流功率部分应符合 IEC 61000–4–29：2000《电磁兼容（EMC）第 4–29 部分：试验和测量技术　直流输入电源口　电压暂降、短时中断及电压变化的抗扰度试验》规定。

11. 隔板（盆式绝缘子）的试验

本实验的目的是验证 GIS 中所使用的隔板（气密型盆式绝缘子）在运行条件下所能承受压力的安全裕度。受试绝缘子应和使用条件一样安装，压力以不超过 400Pa/min 的速度上升直到出现破裂。型式试验压力应大于 3 倍的设计压力。

例如，某 GIS 额定充气压力为 0.5MPa（20℃），最高使用温度为 40℃，如设计压力为 0.5×1.3=0.65（MPa），则试验时出现破裂的压力应大于 0.65×3=1.95（MPa）；如额定充气压力为 0.6MPa（20℃），设计压力取 0.6×1.3=0.78（MPa），则破裂压力应大于 0.78×3=2.34（MPa）。设计压力应由生产厂家根据额定充气压力、最高允许充气压力、最高环境温度、日照及额定电流来决定。

12. 外壳强度试验

GIS 使用的金属外壳的强度试验，一般采用破坏性试验。试验在未装入元件的独立外壳上进行。压力上升速度控制在 400kPa/min 以下。受试外壳应能承受规定的型式试验压力。

对于铸造的铝合金外壳，型式试验压力=5×设计压力；

若经过专门的材料试验证明可以不考虑铸造的分散性，则型式试验压力=3.5×设计压力；

对于焊接的铝外壳和焊接的钢外壳，型式试验压力=3.1×设计压力；

若对焊缝经过 10%的超声或射线检查，型式试验压力=2.3×设计压力。

13. 接地连接的腐蚀试验

对于户外安装的 GIS，应进行本项试验。试验的目的是验证 GIS 产品接地连接的电气连接是否满足要求。

经过 168h 环境试验 Ka（盐雾），试品外壳的接地电阻与试验前相比变化不应超过 20%。

14. 内部故障电弧试验

本试验是根据用户要求进行的型式试验。

燃弧期间施加的短路电流应相应于额定短时耐受电流，试验持续时间应满足用户规定的第二段保护（后备保护）动作时间，但最长的持续时间应不大于 0.5s（额定短路电流小于 40kA）或不大于 0.3s（额定短路电流不小于 40kA）。

试验期间应通过适当的方法，如摄像、发光探测等记录压力释放、外壳烧穿等外部效应，并根据记录的结果按表 3–3 对试验结果进行评估，即第一段保护动作和第二段保护动作时间下的 GIS 产品的性能（性能判据见表 3–3）。

15. 绝缘子试验

GIS 中所使用的绝缘子，包括隔板和支撑绝缘子应进行热性能和隔板的密封性试验。

（1）热性能试验。每种类型的绝缘子应有 5 个试品，通过 10 次热循环试验，热循环为：最低环境温度 4h—室温 2h—温升规定的允许极限温度 4h—室温 2h，试后能通过热性能试验。

（2）隔板的密封性试验。隔板一侧施加设计压力，同时相邻隔室处于真空状态，保持 24h，隔板不应有损坏，隔室年漏气率不应超过 0.5%。

第二节　出厂试验和交接试验

一、出厂试验

出厂试验的目的是发现 GIS 产品所使用的材料、元器件、装配和生产过程中可能存在的缺陷和问题，确保每一套出厂的产品的技术性能和质量水平符合技术条件的规定和用户的技术要求。GIS 出厂产品的主要元件，如断路器、隔离/接地开关、主母线等，以及其布置和连接方式应当与经过型式试验的设备相同，技术参数应与型式试验的参数一致。

出厂试验原则上应在装配完整的产品上进行，如果受试验场地的限制，可以适当减少连接元件，但应包括所有的连接形态。根据试验的性质，GIS 产品的主要出厂试验应在功能单元或运输单元上进行，某些试验可以在元件上进行。

出厂试验项目包括：

（1）主回路的绝缘试验；

（2）辅助和控制回路的试验；

（3）主回路电阻测量；

（4）密封性试验和气体状态检查；

（5）设计和外观检查；

（6）外壳的压力试验；

（7）机械操作试验和开关装置的行程–时间特性测量；

（8）控制回路中辅助回路、设备和连锁的试验；

（9）隔板（气密型盆式绝缘子）的压力试验。

出厂试验项目基本都是型式试验项目中所包含的内容，其要求也基本相同。生产厂应具备所生产产品的出厂试验能力。出厂试验的目的是验证产品的技术性能和质量水平是否符合技术条件的规定，但不会对产品造成损伤。出厂试验时应关注以下几点。

1. 主回路的绝缘试验

对 GIS 来说，出厂试验中的绝缘试验是确保出厂质量的关键性试验，极为重要。主回路的绝缘试验是为了检验 GIS 中各元件的零部件加工质量、各元件装配质量、装配过程中清洁度的控制水平、是否存在异物，以及各种固体绝缘部件是否存在缺陷。根据现行标准，主回路的出厂绝缘试验只进行工频耐压试验和局部放电检测，但运行经验表明有许多产品出厂时虽然通过了工频耐压试验，局部放电也合格，但在投入运行后仍然发生内部放电故障。这说明出厂试验只进行工频耐压试验，对 GIS 来说可能还不能发现产品内部可能存在的某些绝缘缺陷。交流工频电压试验对检查产品内部可能存在的活动的导电微粒等异物比较敏感，但是对检查固定的电场结构的缺陷灵敏度较差，如电极损伤、碰坏、凸起、毛刺、加工缺陷等。

为了确保 GIS 出厂产品的绝缘性能，尽量使出厂试验发现可能存在的零部件的加工质量、装配质量、绝缘件的质量问题和可能存在的异物，电力运行部门提出了在 1000kV 工程中，GIS 产品除了进行工频耐压试验外，还需增加雷电冲击耐压试验及相关的试验要求，目前已在 252kV 及以上的 GIS 出厂试验中得到实施。

对 1100kV GIS 的要求如下：

（1）对 GIS 中使用的绝缘隔板（盆式绝缘子）、支撑绝缘子和绝缘拉杆等环氧树脂绝缘件，在进行装配之前应进行工频耐压和局部放电检测。绝缘隔板和支持绝缘子耐受额定工频电压值、时间 5min、局放不大于 3pC；绝缘拉杆耐受额定工频电压值、时间 5min，局放不大于 3pC。

（2）增加雷电冲击耐受电压试验，耐受电压为额定雷电冲击电压值，正、负极性各 3 次。

（3）在进行耐压试验前，断路器应做 200 次分、合操作，而且在 100 次和 200 次操作中的最后 10 次须按重合闸操作方式进行。

（4）适当延长工厂内的工频电压老练试验时间，如在工频相电压下维持 10min，1.2 倍相电压下 20min，然后进行工频耐压和局放检测。

2. SF_6 气体湿度的测量

根据 DL/T 593—2006 的要求，GIS 在工厂装配好后应进行 SF_6 气体的湿度测量，以判断完成全部组装后充入合格的新 SF_6 气体后，产品的微水是否符合要求，从而证明组装在壳体内的各个部件的干燥处理是否合格。这个要求对生产厂家来说可能麻烦了一些，但是这可以杜绝湿度不合格的产品出厂，而且如果发生安装完成后现场湿度测试超标，可以说明并非是出厂时不合格，而是现场安装时造成的，责任分明。要杜绝现场湿度测试超标现象，这是因为在现场再进行干燥处理是非常困难的。

3. 主回路电阻测量

主回路电阻测量应采用型式试验时的电流值，测得的电阻值不应超过型式试验温升试验前电阻值的 1.2 倍。如果出厂试验中主回路的装用元件与型式试验室不同，如分支母线、扩展的主母线等，应结合型式试验时各元件的电阻试验数据，通过计算得出工程所用主回路电阻的参考值。出厂试验测得的回路电阻值应在参考值允许的范围内。

4. 机械行程特性曲线的测量

机械操作试验应尽可能使用 GIS 本身的控制回路进行操作，在验证产品机械性能的同时，辅助和控制回路的一部分功能也可得到验证。

应测量 GIS 中断路器的行程–时间特性曲线，测量方法和测量设备应与型式试验相同，所测曲线应在型式试验开断试验室所测的原始曲线的包络线内。

5. 密封试验

整套 GIS 产品均应经过密封试验，试验可以根据制造过程在不同阶段分别对产品的总装、功能/运输单元、分装或元件进行试验。密封试验应采用较为准确的扣罩法，产品密封 24h 后进行检漏。

6. 壳体的压力试验

GIS 中使用的金属壳体应进行压力试验（例行试验），试验压力应至少维持 1min。对于焊接的铝外壳和焊接的钢外壳，试验压力为 1.3 倍设计压力；对于铸造的铝外壳，试验压力为 2 倍设计压力。

本试验也可以由外壳的生产厂家完成。

7. 盆式绝缘子的出厂试验

GIS 中所使用的绝缘隔板，即盆式绝缘子是最为重要的绝缘部件，其质量水平决定着 GIS 的运行可靠性。我国 550kV 及以下电压等级 GIS 所使用的盆式绝缘子的制造材料、配方和生产工艺已基本成熟，并且大量用于产品中。但是随着 800kV 和 1100kV GIS 的出现，由于特高压所用盆式绝缘子与低电压盆式绝缘子相比，其电气强度和机械强度要求高，直径和厚度大、冷却过程中收缩量大，因此对盆子的浇注均匀度和速度、内应力的消除及材料的性能和生产工艺的控制，都提出了更高的要求。我国对于 GIS 用盆式绝缘子的材料、材料的性能、机理和特性等方面缺乏系统的研究，而对其性能的检测理论和标准亦不完善。例如，我国特高压试验示范工程和扩建工程所使用的 1100kV 盆式绝缘子，只是通过简单放大低电压等级盆式绝缘子的尺寸，没有进行更多的试验研究工作。生产和运行实践说明，如此生产的盆式绝缘子还不能完全满足安全运行的需要，无论是国外生产还是国内生产的 1100kV 盆式绝缘子，在制造和运行过程中都暴露出一些质量问题和设计上的问题，尤其是机械性能方面存在的问题更为突出。为此在皖电东送工程建设期间，国家电网公司交流建设分公司组织相关生产、科研和大学对特高压 GIS 用盆式绝缘子的材料、材料特性、生产工艺流程及控制、出厂试验和型式试验检测及检测技术等方面进行了全面的试验研究，并提出了质量检验标准和质量控制措施。这些质量管控措施的提出和实施，使皖电东送工程所用特高压盆式绝缘子在外观、气密性、电性能、机械强度和稳定性方面得到了明显提升，确保了三大开关厂生产的工程用 800 余个盆式绝缘子的质量稳定性，并制定了国家电网公司企业标准 Q/GDW 11127—2013《1100kV 气体绝缘金属封闭开关设备用盆式绝缘子技术规范》。此规范中对 1100kV 盆式绝缘子的出厂试验作出了明确的规定，见表 4-4～表 4-6。

表 4-4　　　　　　　　　　　　出 厂 逐 个 试 验 项 目

序号	试验项目	序号	试验项目
1	外观和尺寸检查	5	例行水压试验
2	玻璃化转变温度测量	6	密封试验
3	导通试验（适用时）	7	X 射线探伤
4	绝缘电阻测量	8	工频电压试验和局部放电试验

目前标准中规定的盆式绝缘子的出厂试验项目只有 2 倍设计压力的水压试验和随 GIS 整体元件的工频耐压、局部放电试验，为了确保盆式绝缘子和 GIS 的质量水平和运行安全，建议其他电压等级 GIS 用盆式绝缘子参考 1100kV 盆式绝缘子的规定制订出厂试验要求。破坏压力试验以前只在型式试验中进行，出厂试验只进行 2 倍设计压力试验，因此对试验工装的机械强度要求并不太高。如果出厂试验增加破坏压力试验，由于其试验压力达 3 倍设计压力以上，而且试验次数多，因此必须注意水压试验的工装的机械强度要有足够大的裕度，以免多次试验后工装变形，影响破坏压力的真实性和准确性。另外，对试验工装必须进行精心的设计，对水压试验方法和压力的测量也要进一步完善，以确保水压试验的准确性。

抽样试验从逐个试验合格的盆式绝缘子中按批抽取，经抽样试验的盆式绝缘子不应提交使用。抽样试验项目、顺序见表 4–5，样本容量按表 4–6 的要求。

表 4–5 　　　　　　　　　　　　盆式隔板抽样试验项目及顺序

序号	试验项目	序号	试验项目
1	盆式隔板的压力试验（破坏）	2	不同部分树脂组织检查（片析检查）

表 4–6 　　　　　　　　　　　　第一次抽样样本容量数值表

批量	样本容量	批量	样本容量
$N \leqslant 30$	3	$60 < N \leqslant 100$	5
$30 < N \leqslant 60$	4	$100 < N \leqslant 200$	6

二、交接试验

GIS 在现场安装、调试完成后，应进行交接试验，以确认产品经运输、储存、安装和调试后，设备完好无损，装配正确，所有技术性能指标符合技术条件规定，并与其出厂试验的数据一致。现场交接试验是设备运行部门判断安装部门安装后能否验收和投运的关键性试验，因此运行部门要将交接试验的检测数据对照设备的出厂试验报告进行详细的分析和比较，以给出是否能够验收的合理判断。为了防止发生 GIS 带"病"验收和投入运行事件，运行部门应该派专门技术人员参加设备的全过程安装工作，以掌控设备的安装质量，使设备能够顺利地完成交接试验和成功投运。

GIS 的现场交接试验项目在标准中有明确的规定，一般应包括下述内容：

（1）主回路的绝缘试验；

（2）辅助和控制回路的绝缘试验；

（3）主回路电阻测量；

（4）气体密封性试验；

（5）气体质量验证；

（6）检查和验证；

（7）密度继电器及压力表的校验；

（8）开关设备的机械操作试验；

（9）连锁试验；

（10）按照相关标准对避雷器、互感器和套管进行交接试验；

（11）现场带电试验，如断路器切换空载变压器、切合空载线路、切合并联电抗器和电容器组、切合短路电流和潜供电流试验，隔离开关切合母线充电电流试验等。

GIS 的现场交接试验应该特别注意下面几个问题：

（1）主回路的现场绝缘试验是 GIS 投运前的关键性试验，其目的是确认 GIS 主回路中的各个主要元件和气室经过运输、储存、搬运、安装和调试后，是否存在活动的或固定的绝缘缺陷，如螺钉紧固不到位、部件损坏、有异物等；能否满足运行要求，因此，绝缘试验应放在最后进行。但是，由于现场耐压试验的局限性，经过现场耐压试验的 GIS 并不能完全预防运行时发生内部放电故障，只能尽可能发现可能的绝缘缺陷或异物，尽可能减少发生内部故障的概率。目前标准中对 GIS 的现场绝缘试验有两个试验程序：

程序 A 推荐对 126kV 及以下电压等级的设备按表 4–7 中项（2）规定的数值进行工频耐压试验，持续 1min；

程序 B 推荐对 252kV 及以上电压等级的设备按表 4–7 中项（2）规定的数值进行工频耐压试验，持续 1min，并进行局部放电测量；

程序 C 是推荐对程序 B 的替代试验，按表 4–7 中项（2）规定的数值进行工频耐压试验，持续 1min，然后再按表 4–7 中项（3）规定的数值对每一极性进行 3 次雷电冲击耐压试验。

表 4–7　　　　　　　　　　　　现 场 绝 缘 试 验 电 压　　　　　　　　　　单位：kV

设备的额定电压（有效值）U_r	现场短时工频耐受电压（有效值）U_{da}	现场雷电冲击耐受电压（峰值）U_{pa}
（1）	（2）（见注1）	（3）
72.5	120	260
126	200	460
252	380	840
363	425	940
550	560	1240
800	760	1680
1100	880	1920

注　1. 项（2）中的数值仅适用于 SF_6 绝缘或 SF_6 是混合气体的主要部分，对于其他绝缘见 GB/T 11022—2011 的表 1 和表 2，对项（2）中的数值施加系数 0.8。

2. 现场试验电压是根据下面公式计算的：

U_{da}（现场试验值）=U_p×0.45×0.8[项(2)]

U_{pa}（现场试验值）=U_p×0.8[项(3)]

所有的数值圆整到一个模为 5kV 的更高值。

U_p 为额定雷电冲击耐受电压。

工频耐压试验的电压波形可以是 10～300Hz 的试验频率，雷电冲击的波前时间可以延长至 8μs，如果是振荡雷电波冲击电压，波前时间可延长到 15μs；如果用相对简单的试验设备进行操作冲击电压试验，振荡波到达峰值时间为 150μs～10ms。

现场耐压试验应利用不同的监测装置进行测量和检测，以便于一旦发生放电时可帮助确定放电部位。

现有的标准虽然推荐了现场工频电压和冲击电压的试验方法，但是由于受现场试验设备的限制，目前国内一般都只进行工频电压试验，而且只施加 80% 的额定耐压值。运行部门的实践经验证明，许多在现场通过了 80% 的额定耐压值的设备投入运行后仍然发生了内部放电。为了尽可能通过现场耐压试验发现绝缘缺陷，电力部门从 800kV GIS 开始，探索了工频耐压现场试验取 100% 的额定对地耐压值进行试验和进行现场冲击电压试验的尝试，取得了较满意的结果。为此，1100kV 工频现场耐压试验也将耐压值提高到 100% 的额定对地耐压值，并且在特高压浙福工程中的莲都变电站进行了现场冲击电压试验，试验电压为标准中规定的 80% 的额定对地雷电冲击电压值，进一步准备在皖电东送的北环工程中继续探索现场冲击电压试验方法，以弥补只进行工频耐压的不足。

（2）主回路电阻测量对于 GIS 来说也是一项非常重要的交接试验，由于超高压和特高压 GIS 一般均以功能单元进行出厂试验，各功能单元均不在厂内进行连接，而母线也是不进厂内整体连接，因此现场对接后，电阻测量就成为判断对接质量的唯一方法。现场测量回路电阻的方法应和型式试验、出厂试验相同，电阻值不应超过最大允许值，如果超标必须拆解进行处理，要杜绝因接触不良而引起运行中设备过热。

（3）应对现场进行装配的所有连接进行定性的密封性试验，包括各个密度继电器、压力表、充放气阀门的接口。现场如果是按包扎法进行检漏，应该注意包扎部分要规范，以免检测误差太大。

（4）湿度和纯度的检测应在最终充入经检验合格的新 SF_6 气体至少五天以后进行。如果发现有不合格的现象，必须查找原因并进行处理。

（5）检查和验证是 GIS 交接试验中涉及面最多的一项试验，主要内容包括：

1）按生产厂家的图样和技术文件检查所有装配，尤其是二次线的装配是否符合要求，所有部件及外观是否完好无损、无锈蚀；

2）检查各充气和充油管路、阀门及各连接部位的密封是否良好，阀门的位置是否正确，螺栓连接紧固情况；

3）检查开关设备的分合闸指示装置的指示是否正确，记录动作计数器的数字；

4）检查各种箱门的关闭情况和各种信号指示、控制开关的位置是否正确；

5）检查隔离开关和接地开关连杆螺母是否拧紧、伸缩节螺栓位置是否正确，并检查所有连锁功能的准确性；

6）检查所有接地连接是否可靠；

7）所有元件应按其各自标准规定的现场交接试验项目进行检查和试验；

8）某些需要在现场进行的验证性试验，如切合空载线路充电电流试验、空载变压器的冲击合闸试验等，均应在交接试验完成后进行。

第五章

气体绝缘金属封闭开关设备的运行管理

第一节　气体绝缘金属封闭开关设备的全过程管理

一、概述

设备全过程管理是综合设备工程学和过程管理学理论提出的一种管理方法，其基本理念、工作流程和实施原则等适用于各种工程设备的管理，但针对不同的使用者，全过程管理的范围和具体要求将有所不同。对电气设备中的 GIS 而言，运行部门的全过程管理内容包括了选型、采购、监造、安装调试、运行、维护检修、改造更新与报废等环节。如果将 GIS 的制造包含在内，还需加上产品的设计、研制、型式试验和制造过程等环节。实现设备全过程管理，就是要加强全过程中各环节之间的相互协调，从整体上保证和提高设备的可靠性和经济性，以充分发挥设备的综合效益。

我国电力系统很早就提出了"全过程管理"的理念，原水电部曾在 1987 年颁发《电力设备全过程管理规定》，对管理体系和上述各个环节提出了具体要求。在这个规定中首先明确了管理体系的职责和组织结构，由生产部门负责总的协调。根据工作流程分成六个部分并作出了具体规定，其中包括设计和设备选用、设备的订购和监造检验、设备的安装与移交生产、生产准备工作、设备的试生产和生产管理。这个规定对开展全过程管理工作起到了很大的促进作用。科学技术的进步、管理和认识水平的提高，特别是引入设备资产全寿命管理体系，进一步促进了全过程管理工作的开展。实践表明，要保证 GIS 的运行可靠性，不断降低故障率，只在投运设备上加强专业管理，做好运行维护工作是不够的，因为 GIS 的技术性能、产品质量、基建选型、设备安装和调试质量是确保投运后运行可靠性的基础，"先天不足"的设备投运后将很难治理和完善，后患无穷！因此，使用部门要在加强自身专业技术队伍建设和强化专业管理的前提下，同时关注产品的设计，将运行需要贯彻到产品设计中，同时要加强产品质量的监督和监造，确保产品的出厂质量。做好全过程管理工作将对提高 GIS 的技术性能和产品质量水平，提高运行部门的管理水平，确保电网的安全运行起到极为重要的促进作用。GIS 全过程管理的主要内容有以下 8 个方面：

（1）设备选型原则；

（2）技术条件和产品结构的选择；

（3）监造；

（4）安装调试和验收投运；

（5）设备状态评价与运行维护和缺陷处理；

（6）状态检修；

（7）技术改造；

（8）报废和处理。

本节将重点介绍选型原则、监造、安装、调试和验收投运，以及报废处理。

二、设备选型原则

变电站在建设规划时提出的主接线和设备配置方案对 GIS 选型具有重要影响，由于 GIS 设备一次投资费用很高，且又是高度集成的电器产品，定型生产后如要变更设计方案非常困难，所花的费用也会很大，故对设备选用应慎重。通常规划和设计部门会根据变电站在电网中的地位、变电容量、投资规模、发展远景等因素提出要求；生产运行部门则从使用环境、运行维护和检修方面参与意见。应综合考虑各方需要，在满足运行可靠性和资产全寿命管理要求的基础上最终确定设备选型，由此可见，在项目成立的可行性报告或方案审查时，各有关单位都应充分发表意见。

GIS 的选型在做好主回路各个主要元件选型的基础上，还应把握好以下 4 个原则：① 主接线的选择与元件配置的实用性；② 环境条件的适应性；③ 合理的经济性；④ 明确的供货范围和分工界面。

（1）变电站在电网中的地位和电压等级决定了主接线形式，对处于系统中的终端变电站，如进出线回数不多，采用桥形接线是比较普遍的，而选用 GIS 使得结构布置上更为紧凑，这里并没有电压等级的限制，550kV 的产品也可采用这种接线。因为没有主母线，优化分支母线布置就很重要，原则上并不是越短越好，而是便于安装和检修且经济合理。在 363kV 及以下电压等级中，如进出线回数较多可采用双母线接线，当然高电压等级上也有采用这种接线的产品。550kV 及以上电压等级的产品普遍采用了 3/2 断路器接线，两种接线的差别在于母线布置，从占地面积上即可反映出差别。关于母线是否分段，这是一个令人感兴趣的问题，加了分段不仅运行方式灵活，而且有利于扩建和事故处理，当然投资也会相应增加些，故需要用户进行综合评价决策。随着混合绝缘技术发展，HGIS 设备在市场中推出后也得到了较多的应用，若土地资源允许，户外使用的设备用户倒更愿意使用这种形式，因为母线仍是传统上的空气绝缘形式，采购 GIS 设备的投资将会减小，而运行维护或故障处理也更方便，缺点是占地面积在横向上减少有限且不适合用于户内。

元件的配置需满足两方面的要求，即合理性和经济性。目前一个 GIS 进出间隔的标准配置有断路器、电流互感器、断路器两侧的隔离开关及相应的接地开关和套管，线路避雷器和电压互感器一般都采用空气绝缘的产品，其原因在于提高运行可靠性和降低设备采购成本。减少了线路避雷器和电压互感器，GIS 结构可简化、故障率也可降低，即使它们有问题因为在外面也好处理，而空气绝缘产品的成本要低得多。此外从绝缘配合角度讲，因每回进出线均配有避雷器，按其保护距离核算母线避雷器都不再需要了，这意味着元件配置还可减少，实际上现在配的母线避雷器目的是保护母线电压互感器，如过电压核算没问题是可以取消的。需要指出的是，如采用 HGIS 设备，母线避雷器的绝缘配合还是要重新进行校核。

（2）环境条件对选型的影响须充分重视。首先要明确是用于户外还是户内，通常除了城市电网中的变电站结合建筑物建设选用户内设备外，在高寒、高温、高湿度、易受到空气污染、风沙和海盐作用地域的变电站宜优先采用户内设备，这样可以彻底改善 GIS 的运行条件。例如，在高寒地区，虽然加盖房屋会增加投资，但是加装加热带的站用电消耗和每年的运行维护工作量的运行成本可能会远远超过盖房的一次性投资，而且运行环境条件的改善对提高设备运行可靠性也有显著的作用。另外，如果在户外环境中，运行设备本身可能还需采取一些其他的技术措施，如防污秽、防锈蚀等，相应又会增加采购成本。

（3）合理的经济性应该从资产全寿命周期管理的概念去认识，设备选型的经济性并不是初期采购成本低就合理，产品的质量水平和成熟表现，运行业绩和故障率等均须计及，而用户的运行经验尤为重要，这点在设备选型中一定要反映出来。合理的经济性还要兼顾扩建或规划的需求，由于结构的限制，扩建时需运行设备陪停，且要停整条母线，影响较大。如计划中有扩建或多期建设的工程，宜将同段母线一次上全；如短期内无扩建计划而待扩建部分又处于整套 GIS 的中间位置，该段母线也应上全，同时对应间隔的母线隔离开关、接地开关及其就地工作电源应同步配置；如待扩建部分位于整套 GIS 两侧，其端部应预留小气室以减少扩建时的停电影响。再则要选用通用设计的产品，以避免因非标准结构给日后的检修和备品采购带来困难。当然合理的经济性还要顾及国家的技术政策、制造和试验水平、产品的技术发展方向和电网的发展等因素，但最终的目的是保证电网和设备的安全可靠运行。

（4）选型中应明确供货范围和分工界面，该问题不仅涉及投资费用，还是产品设计和制造的依据，而且在安装阶段，施工单位和生产厂家也将根据分工界面完成各自的工作，尤其是有多个制造商供货时，明确了供货范围还可省去不少协调工作。供货范围严格地讲可分为三部分：

1）一次部分包括设备本体及其附件、机构箱、接地控制柜、设备构支架、电缆桥架、操作平台和巡视便桥（如需要），与各部件配套的热镀锌螺栓、垫圈、螺母及预埋的地脚螺栓，有用户提出 SF_6/空气套管的铝合金压接式线夹也要含入，这样供货范围的分界面明确在一次出线端子处，如供设备线夹则需说明；如采用电缆进出线、与变压器直连或与 GIL 直连的结构，在供货范围中就必须要明确规定分工界面，分工界面应按

GB/T 22381—2008 或 GB/T 22382 标准进行划分。

2）二次部分应包括设备至操动机构箱和/或汇控柜的二次电缆、所有的二次元件和辅助部件，供货范围的分界面在汇控柜的端子排上，从主控室方向连过来的控制、保护和动力电缆均接到该处，从设备方向连接过来的二次线均属供货范围内，这意味着很多二次接线由生产厂家负责完成。这样提出是因为生产厂家人员对二次回路的熟悉程度远比安装单位可靠，接线成功率有保证。

3）设备基础的供货范围的分界面应在地网接地引上线处，生产厂家提出设备荷载和对地网的要求后，设备本体与引上线的连接排属于供货范围内的装置，如相间导流排要从地下穿管连接，也需纳入供货范围。

三、技术参数和产品结构的选择

GIS 的技术参数可分为设备整体参数与各组成元件的额定值。这两者是有区别的，如额定电压，电压互感器与 GIS 设备整体参数不一样，在现场耐压时须注意；避雷器的额定电压也是有区别的。额定电流的选择要考虑发展需要留有一定的裕度，主母线的额定电流值至少要比分支回路高出一挡。

产品结构的选择应视工程具体情况并结合运行部门的运行经验和事故教训综合考虑。

1. 总体结构

252kV GIS 的主母线、126kV 及以下的 GIS 宜采用三相共箱式结构，即断路器、隔离/接地开关、电流互感器等都可设置在同一个箱体内，252kV 的断路器及 252kV 及以上电压等级的 GIS 目前均为三相分箱式结构。实际上国外现在已有 550kV 三相共箱式的母线和 300kV 的三相共箱式断路器。三相共箱式的结构形式布置简洁且可节约不少气体，但生产厂家也有不同的观点，认为分箱结构的隔板简单，反而会降低制造成本。

如场地条件许可，户外 252kV 及以上电压等级的变电站还可选用混合绝缘技术 HGIS。这种结构因采用空气绝缘母线而大大增加了检修维护的灵活性，一旦设备有问题，处理起来也很容易。特别是在 3/2 断路器接线中，如采用 2+1 的结构（即一完整串中两个断路器连接在一起，另一个是单独的），任一个断路器有问题都可方便处理；如采用 3+0 的结构，则中断路器处理时整串设备需全停。

为了避免盆式绝缘子水平布置，宜采用卧式布置的断路器，因为水平布置的盆式绝缘子隔板表面有可能积聚异物诱发放电；同理，如有条件隔离开关也应采取这种结构。若无法做到，最好下部的隔板凸面向上，如有异物落下也易滑向低场强区。

如果户外 GIS 隔离开关为三相机械联动，其相间传动连杆等金属部件应避免外露，以尽可能减少金属件的锈蚀，确保动作可靠性。目前市场上已有将连杆置于隔离开关气室内的产品，彻底解决了锈蚀问题。

母线因要承载向多条出线输送电流的任务，其额定电流须比分支回路的额定电流提高一个等级，而且当产品额定电流超过 4000A 后，3/2 断路器接线的出线套管处应设置相间导流排，以消除出线端部感应电流大的问题。相间导流排连接采用架空设置的较多，用铝排或铝管在套管升高座处实现相间连接，也可从该处通过铜排引到地下（但不能借用设备支架作为导流排的一部分），利用穿管进行相间连接。应注意相间导流排是不接地的。

2. 气室分隔与气体监测系统

生产厂家对 GIS 中的气室分隔通常按功能元件进行划分，如断路器、隔离开关、避雷器、电压互感器等均为一个独立气室，为便于检修或处理异常情况，单个独立隔室的用气量应小于回收装置的最大容量，同时须尽可能减少对其他正常运行间隔的影响。母线隔离开关与母线应分为两个独立的气室，3/2 断路器接线中的非完整串母线隔离开关与串内母线也要考虑设置成独立气室。这样一旦间隔内有问题要处理或检修，就可减少母线陪停时间甚至不需要停母线。这里要强调，252kV 及以上电压等级的断路器应按相来设置气室，三相气室间不允许采用外连通管路连接，经验表明若未分开，断路器灭弧室出现问题后三相都需要进行处理，工作量增加不少。按功能划分隔室时会遇到小气室问题，如电流互感器室、隔离开关气室等，这种结构气室容量不大，如出现漏气有可能很快就无法维持运行，且气室划分过多，配置密度继电器也成问题。对此可采取外连通管路方式，但两个气室之间仍采用隔板，当外连通不易实现时也有在隔板上开通气孔的方式，或采用气管三相连通，相间加装阀门。对长母线气室划分需兼顾充放气的可操作性，如 GIS 主母线很长或是刚性金属封闭输电线路（即 GIL），仍按上述原则（单个独立隔室的用气量应小于回收装置的最大容量）划分，过多的气室会给运行维护带来不便，母线气室一般取 30～50m 为一个气室，具体长度应与运行部门协商。对于超高压和特高压母线隔室的长度应以 8h 内可以完成气体收集为准，为解决快速处理气体问题可放大充放气接口管径或采用两个充放气接口。

GIS 设备完成安装后在一次系统模拟图上要有隔室的标示，设备本体隔板外表面也要有显著、醒目的标示，以方便运行人员进行巡视和处理缺陷。

为减少扩建工程施工对已投运 GIS 的影响，扩建接口处预装的隔离开关应是一独立的隔室，主母线端部也要留有一个独立隔室供扩建施工对接时用。这些隔室可以不是独立气室，而是利用外连通管与相邻隔室连接，以便在设备投运后将这些独立的隔室也纳入监测范围。因扩建日期无法确定，这些独立隔室的结构须符合长期运行的要求，其壳体包括端盖都应按产品标准制造并符合承压要求。曾有母线端部独立隔室采用简易的伸缩节加装端盖的案例，由于紧固不牢而发生端盖冲出的事故。

SF_6 气体监测系统原则上要求每个独立气室配备密度继电器，实际上每个独立气室都配备密度继电器有时很难做到。因为小气室，如隔离开关、电流互感器气室，若在运行中出现漏气可能密度继电器来不及反应，同时也增加了密度继电器和控制电缆的用量，可能会使可靠性下降，故一般每一相断路器气室必须设置一个密度继电器，对于小气室可采用外连通或三相共用一个密度继电器。随着智能化和在线监测的需要，目前 SF_6 气体监测系统已具有数据远传信号功能，且能利用组合传感器同时提供 SF_6 气体的密度和湿度数据，用户可根据需要选用。从运行经验上看这两个信号并不需要实时监控，因为即使有些变化也不会造成设备紧急停运，而增加了该系统，对日常维护工作量的要求则大大提高了。

3. 主要元件的选择

（1）断路器。对于断路器的选择，灭弧室断口数和操动机构类型是人们关注的主要问题。显然断口数少的灭弧室结构简单且零部件数量少，特别是电压等级在 252kV 及以下的产品，单断口可取消均压电容器，这意味着整个断路器间隔空间布置可得到改善。是否选用合闸电阻取决于系统要求，如产品结构上本身就置于两个罐体中安放，倒可以考虑合闸电阻是侧放在断路器一边还是将其立放在断路器之上，显然后者将节约占地面积。如今的操动机构多为弹簧或液压储能形式，用户对此没有特别的倾向，动作稳定可靠和维护工作量小将是重要的评价指标。

（2）隔离/接地/快速接地开关。通常隔离开关与接地（或快速接地）开关组合在一个气室里，分别由各自的操动机构进行操作，而三工位隔离开关则由一个操动机构来完成隔离开关和接地开关的操作。快速接地开关早已扬弃了其最初的设计功能，现在多用于切合输电线路的感应电流和线路出线端，利用电动弹簧操动机构的快速动作实现快速分合。需要指出的是，这种机构平常是不储能的，通常设备技术参数中给出的动作时间并未包括储能时间。对隔离开关和接地开关操动机构的控制和操作，应优先选用交流电源，理由是操作的及时性和可靠性无须直流供电那么高的要求，如采用直流电源要增加变电站的蓄电池容量，且还要施放大量的电缆，这将使直流接地的风险增加，因此用户一般只提供交流电源。为解决该问题生产厂家会在就地控制柜中加装整流装置，此举要占去不少柜内空间，也存在装置本身的可靠性问题，故最好采用交流操作和控制，这方面国产设备做得就比较好。

（3）电流互感器。通常有两种形式的电磁式电流互感器可选。内置式：铁芯和绕组置于充有 SF_6 的气室内，为便于安装，绕组外浇注了环氧树脂或用聚酯薄膜包扎固定。外置式：铁芯和绕组都套在接地的外壳上，因这种同轴结构气室的电场分布均匀，加之 SF_6 气体具有良好的绝缘性能，有些生产厂家在该处采用缩小气室直径的结构，以减少外置式电流互感器铁芯尺寸。对户外产品而言，外置式电流互感器的防护反而是要考虑的问题，特别是防止雨水进入使绕组受潮的措施要可靠。

（4）电压互感器。早期的元件配置中，母线、出线电压互感器均不可少，随着对安全可靠性、投资成本和简化设备布置的考虑，逐渐由空气绝缘电压互感器替代，目前因保护和测量的需要仍保留了母线电压互感器，但多数都只用一相。由于电压互感器的绝缘水平与 GIS 不一样，现场耐压和检修试验时须与主回路断开，因此对其连接方式的选择也是令人关心的。理想的方案是加一个隔离开关，但这将增加投资且还可能会遇到结构布置问题，往往是加装一个可拆卸导体的气室，通过安装检修手孔可以将导体从回路中移开，以达到解开电压互感器的目的。

随着智能化、数字化技术的发展，近年来非电磁式互感器的应用在国内增长较快，电流互感器有应用罗式线圈或偏振光原理的产品，电压互感器有电容式或光电式产品。从结构上看电流互感器多为内置式结构，一般布置在隔板法兰旁边，这是因为其没有铁芯，体积可很小。电压互感器一次传感器部分安放在类似于手孔盖上置于气室内。在国外非电磁式互感器在 20 世纪 80 年代即有投入运行使用的，但在实际应用中因缺少标准，对互感器的保护准确度和计量精度上存有异议，对推广使用影响较大，始终没有推广起来。我国在该设备应用上起步较晚，同样也遇到该问题，现阶段仍处于积累经验期，有用户即便使用了但还保留着电磁式互感器，相当于用双套测量、保护装置来保证运行可靠性。

（5）避雷器。我国的绝缘配合导则规定 GIS 上每条进出线均要求装设避雷器以保护设备在过电压下安全运行，出于与上述电压互感器同样的原因，出线避雷器已被空气绝缘产品替代，仅留下保护母线电压互感器的避雷器，一般只需用一相，实际上该避雷器也逐步在趋向取消，因为母线电压互感器可以承受母线上可能出现的过电压作用。需要强调的是，空气绝缘避雷器在布置上应尽可能地靠近出线套管，因为 GIS 结构紧凑，各个元件和母线的对地电容、电感都与空气绝缘变电站不一样，GIS 的几何尺寸小、采用同轴电场的结构设计以及绝缘介质的影响使其对地电容、电感都要比空气绝缘大。实际中将出线避雷器装设在变电站进出线构架下，以方便布置和接线，这时从避雷器到 GIS 进线套管的引线会有一定的距离，有时也会很长（如变电站改造，进出线构架位置不动就可能遇到），达到几十米。显然引线的对地电容、电感要小于 GIS 中的，行波在进线套管处会出现折反射现象，可以认为常规的避雷器保护距离计算方法对此不太适用。已有过线路雷击造成 GIS 分支母线放电故障的案例，该案例中线路避雷器距 GIS 出线套管约35m，雷击发生在距变电站几千米处，故对此须引起注意。

（6）进/出线套管与其他的连接方式。GIS 进/出线使用的套管一般是指 SF_6/空气套管，这是一种使用最多的 GIS 进出线方式。套管由空心绝缘子、导电杆与靠近地电位处的屏蔽罩，以及 SF_6 绝缘介质组成。我国用户习惯上优先选用棕色、具有防污型大小伞裙的瓷质空心绝缘子，其伞形的几何尺寸和直径系数均应符合 GB/T 26218.2—2010《污秽条件下使用的高压绝缘子的选择和尺寸确定　第 2 部分：交流系统用瓷和玻璃绝缘子》的规定，而且伞裙下表面没有伞棱，以避免在棱槽内积污无法清扫。550kV 及以上电压等级套管的伞形还要求带滴水檐（断雨伞），以防止大雨或污水流下在伞裙边缘形成桥接闪络。我国内地自 2000 年以来，使用合成材料（硅橡胶）空心绝缘子的用户和用量开始多起来，大陆的运行经验约 10 年，目前最高电压已达到 1100kV 水平。使用中让用户不放心的主要是有机材料老化问题，不少用户至今仍持谨慎的态度，实际上硅橡胶材料可适当地使用，但对其性能应提出具体要求。出于老化和憎水性能的变化，适当地留有安全裕度还是需要的；颜色则反映了两个方面的情况，浅色吸收紫外线少，不易老化，且对练胶工艺有较高的要求，质量上要更可靠，国内早期使用的深色绝缘子较短时间就开始老化即是一个例子。

其他的连接方式有与电缆连接、与变压器直连和与 GIL 连接，这几种连接均不涉及外绝缘，具体要求有专门的标准规定，本书不再赘述。

套管作为回路中的一个组成部分承担着与外部的连接，其额定参数须与回路中其他元件一样。对额定电流不小于 6300A 的设备，有些生产厂家为保证套管温升符合标准要求，采取了在套管上端部加装散热器或使用不等直径导电杆等措施，对用户而言，内部结构变化不会影响使用，但是如要加装散热器则需注意端部均压环的安装尺寸及对引线的影响。

众所周知，GIS 内绝缘由隔室内的充气体压力和产品结构尺寸决定，不受外界环境条件影响；外绝缘则会受到大气环境的影响，海拔升高、气压降低将减小空气间隙的放电电压。由此对使用在海拔大于 1000m 场所的 GIS 套管，需增加其干弧距离以满足海拔修正系数的要求。例如，安装在海拔 1800m 处的 252kV 等级的开关设备，考虑了电压修正系数后，其外绝缘水平应选用 363kV 等级的才可满足要求。

套管形式是一个值得讨论的议题，大多数用户使用的是 SF₆/空气套管，GIS 生产厂家对该元件有的是采购现成产品，有的是采购空心绝缘子，再按自行设计的内部结构组装成套管。经验表明 SF₆/空气套管运行可靠，但近年来有人提出使用环氧树脂浸渍绝缘套管来取代。通常该套管结构只用在电缆连接或与变压器直连出线上，因受到两种绝缘介质连接上的限制，必须要有一个过渡的结构。由于其绝缘结构复杂，制造工艺要求很高，而浸渍环氧树脂的绝缘层中难免会存在气泡产生局部放电，运行中对局部放电又很难监测，因此不建议在非电缆连接或与变压器直连出线的套管选用时考虑这种结构。

4. 主要零部件

（1）壳体。壳体可分为金属板材焊接和浇铸制造两种加工工艺形式。焊接制造的壳体要求所有焊缝都要进行探伤检查，原则上检查应优先采用 X 射线探伤，对无法采用该方法的检查部位，可辅助以超声波探伤或荧光着色剂的方法。需要说明的是，对壳体探伤，检验判据还不能完全引用压力容器标准，GIS 虽然充有几个大气压，但与压力容器相比压力还是比较低的，大量的运行经验也表明只要外壳制造整体上能承受住规定的压力试验，即可满足运行安全要求，因此在现阶段要完全按压力容器的金属探伤标准（主要是超声波探伤方法）开展检验很可能会使焊接不合格率增加，对此建议用户和生产厂家在设备选用时就协商好可接受的检验标准。同时，有关部门对此问题也应开展研究，争取早日能拿出一个统一的制造标准。浇铸制造是一种传统的工艺，关键是控制好材料成分，保持机械强度，杜绝气隙产生，实际中遇到的问题并不是技术参数不合适，而是如何保证质量体系的贯彻落实，当然这已不是本节要讨论的内容了。关于壳体内壁的处理，一般对铸造壳体内壁采用涂漆工艺以弥补表面较粗糙的不足，如有可能，建议选用浅色漆，这样便于清扫。

（2）隔板与绝缘件。GIS 所用的绝缘件包括隔板或盆式绝缘子、绝缘拉杆或绝缘棒、支持绝缘子或支撑绝缘筒等，是保证 GIS 内部绝缘性能和机械性能的关键电气部件，这些绝缘部件必须先进行工频耐压和局放试验，合格后才能进行装配。对 252kV 及以上电压等级 GIS 用的盆式绝缘子除电气和机械试验外，还应逐个进行 X 射线或超声探伤检查。需要强调的是，绝缘件的试验应该是绝缘件的整体试验，有些绝缘件制造商往往只提供小样试验报告。运行经验表明，小样试验并不能代表整体部件的质量状况，很容易出现漏检，而设备组装后绝缘试验又很难发现缺陷，结果投运后不久就发生故障，因此选用设备时须明确 GIS 生产厂家应提供这些部件的检验报告。盆式绝缘子可采用带金属法兰的结构，采用此结构要兼顾到设备运行中带电检测的需求，如从屏蔽环上引出接线端子或对应环氧树脂浇注口的法兰上加一个可拆卸的端盖以利抽取信号。盆式绝缘子上应有外露的生产厂家标记和永久性生产编号。

（3）伸缩节。伸缩节的作用有的是 GIS 在现场安装时进行装配调整，有的是吸收运行中母线或设备间隔间因热胀冷缩而引起的轴向尺寸变化或设备基础沉降带来的轴向和径向位移，生产厂家可根据不同使用目的配置伸缩节。按不同功能要求，GIS 用伸缩节可分为安装用伸缩节、温度补偿伸缩节和压力平衡或复式伸缩节，对长母线还有采用 U 型母线结构以增加补偿量的。选用设备时需了解生产厂家对伸缩节的设计原则、所用材质、加工工艺和寿命试验情况，同时要给出非安装用伸缩节的调整方式和间隙量，以便用户根据环境温度变化进行维护保养和调节。

（4）密度继电器。通常的密度继电器是带温度补偿、具有压力值显示的，近年来市场上也有利用一个标准压力小气室与 GIS 内部气体压力进行比对原理而制造的密度继电器供应，因没有用于温度补偿的双金属片，其体积上可更小。断路器气室用的密度继电器应带有振动阻尼，以减少操作振动的影响；双套跳闸回路断路器用的密度继电器应有两副独立的闭锁触点，以满足保护配置原则；户外 GIS 用的密度继电器、充放气接头和控制电缆端子，应一起安装在带观察窗的不锈钢防雨箱内或至少在防雨罩内。充放气接头需采用带帽盖的自封接头，与之连接的阀门应是可承受压力的阀门，而且所有与外部连接的接头均应是通用和公制的接口，避免日后与用户的气体处理和充气设备无法连接。密度继电器或防雨箱应设置在合适的高度和方向，以满足现场无须拆下密度继电器便可进行校验和补气的要求。

5. 二次部分

GIS 二次部分涉及的面很广，需关注的内容包含有元器件，如继电器、辅助开关、空气开关、计数器、指示灯等；端子排和接线；引线和控制电缆的布置；接地，包括工作接地和保护接地；对就地控制柜和机构箱的要求——加热器配置、防水防尘等。所有二次引线均应从电缆桥架集中引入电缆沟，每个间隔（单元）引下线不得多于三处。汇控柜、端子箱、机构箱、TA 接线盒的二次线引入处均应有良好的防水措施。所有这些内容在选用设备时均需考虑周到，以便于运行维护和保养。

6. 基础、设备支架与接地

设备基础的质量对 GIS 的安装质量和长期安全运行有很大的影响，除了对土建施工要把好关外，设备本身也应具备一定的适应能力。我国因土地资源稀缺，变电站选址很难要求优先满足土建基础的地质要求，特别是软土地基、山（坡）地开挖后回填土对设备基础的影响不可小看，即使是工程上采用大板基础来解决一个或数个完整间隔的安放，也还存在基础间及与出线支墩基础间不同步变化的影响，所有这些因素都会使基础和/或基础间发生不同程度的沉降、位移，若有基础埋件还会增加处理的难度。因此在符合土建工程标准的条件下，在产品设计中应采取措施去消纳这些影响，设备上配置的伸缩节应能适应并吸收这种沉降和位移变化，确保设备安全运行。对土建工程则要求施工误差和日后发生的沉降或位移不得超过技术协议中双方确认的数据，按我国的施工水平，土建施工误差完全在掌控之中。

GIS 的支架包括设备底架、母线支架、元件支架、操作平台和巡视便桥等。一般设备底架多采用预埋件焊接和化学锚栓固定，前者对基础施工要求较严，安装的难度相对高些。母线支架的设计要考虑冷热伸缩的影响，特别是对长母线一定要有措施。元件支架则要求可靠，以往有些产品设计时就很随意地布置支架，既不美观也不安全，现场安装中再改将非常困难。操作平台设计应实用可靠，对扶梯的宽度和坡度、围栏高度、防积水和结冰应有明确要求，并应征得用户的确认，要防止出现平台高度和长度不合适，巡视时距套管出线的安全距离不够等问题。

GIS 的接地非常重要，应严格执行标准规定，制造商应提供接地系统的计算报告，妥善解决外壳地电位升高问题。分相布置的母线，包括分支母线，外壳接地应三相短接后由一处引下接地。

四、监造

监造工作是受业主委托的监造单位对生产厂家生产的产品质量进行的监督见证，这种由第三方根据业主的要求和运行经验及事故教训对采购的设备生产进行的监造，有助于提高设备的生产质量和可靠性。监造过程包括原材料采购，重要的外购、自制零部件加工，设备组装，出厂试验，直到完成包装、运输。为做好监造工作，监造人员应熟悉设备结构，掌握有关技术标准和规范，了解设备的订货合同、技术条件、生产厂的质量标准、质量保证和质量监督措施，并具有一定的专业技术水平和解决质量问题的能力。开展监造工作的依据主要是国家和行业技术标准基础中的设备采购合同和技术协议。GIS 不同于其他开关设备，每个工程的布置和要求都不一样，因此还要注意有关设计联络会的纪要，用户的许多需求和完善化建议会在纪要中反映出来。监造的工作方法目前普遍采用停工待检（H）、文件见证（R）和现场见证（W）三种方式。

1. 监造工作的主要内容

（1）制订监造计划。根据合同交货期和工厂的生产日程制订监造计划，监造包括对产品交货期的监督。计划编制应详细，关键见证点应具体到零部件和见证方式，关键部件检查、见证，原材料的检验、见证，各主要元件的见证、试验，装配质量和出厂试验、包装和运输等均应列表，详细记录情况。监造计划应根据实际生产情况进行调整，到最后阶段最好能做到日计划，以保证整个工期不会被耽误。另外，一开始在计划中就应明确各个关键的监造节点，即上述的 H、R、W 点，使生产厂家清楚监造所关心的问题。监造计划还要做好对可能会遇到的异常情况的处理预案。

（2）检查生产条件。生产厂家应具有 ISO 9000 质量认证、ISO 14000 环境认证、ISO 18000 安全认证这三个标准体系的资质，且在认证有效期内；所有的生产设备、工装和工器具符合生产要求；检验和试验设备应合规，包括计量认证证书有效；工厂的质量手册，生产程序文件，作业指导书、图纸和工艺文件齐全。

（3）全过程质量控制。驻厂监造须形成对材料（包括外加工零部件）采购、加工制造、设备组装、出厂试验和包装储运各个环节的监督；生产进度的监督；见证试验，这里有主要部件生产过程检查试验和出厂试验，试验项目和顺序应符合产品标准和合同规定。

（4）编写监造日志、建立报告制度。监造日志是监造工作中不可或缺的内容，其对当天发生问题的描述和处理结果记录可直接反映设备生产情况。如有必要还可要求监造单位提交周报或月报，这些报告中需有监造单位对整个工作的评价，让用户能及时了解和掌握设备的生产情况。此外定期或必要时监造单位与生产厂家一起召开工作协调会也很重要，可对遇到的问题进行研究并拿出处理对策。最后要求监造单位及时完成监造报告，用户应在现场设备安装调试前能看到，这样对制造过程中遇到的问题可在调试中重点予以关注，确保一次启动投运成功。

　　总的来说，监造过程涉及的面很广，涉及的单位可能还分布在不同地点，整个时间跨度也长，监造是对整个生产过程实施质量监督，与生产厂家协作配合确保产品的出厂质量和交货时间，这些最终还是要由生产厂家的质量管理体系去保证，监造不能替代生产厂家确保产品质量的责任。

　　2. 监造需关注的主要问题

　　（1）生产环境、生产人员的质量意识。生产环境应符合工厂质量体系的要求，包括装配车间清洁度、湿度控制，待装配零部件的堆放，环境保持等具体的要求，健全的质量体系中都应有对应的规定。生产人员的质量意识除按操作规程去做，认真执行好下道工序检查上道工序要求，对个人防护也不可轻视，工作服、手套、鞋等均要按规定着装。

　　（2）采购材料和外购零部件的控制。GIS工厂除原材料采购外，为实现专业化制造，降低制造成本，全球采购政策已越来越被工厂接受，这意味着产品中外购零部件的比例会增加，监造工作也随之有新的要求，对某些主要零部件或元件应该采用延伸监造的形式，确保外购材料和部件的质量。通常对于原材料和外购零部件要求供货方提供检验报告，工厂进行抽检，但完全做到每批都检验还是比较困难的，这也是监造工作要关注的重点之一。例如，有的绝缘件厂只对小样进行检验，整个绝缘件不做试验，而且还以绝缘件组装后产品整体绝缘试验通过即可接受作为理由，实际上这种检验方式并不能全面反映绝缘件的性能，已发生过多次设备投运后不久就出现问题的事件，结果GIS工厂只能自己再添置工装设备进行绝缘试验抽检。同样对空心绝缘子的质检，因担心运输影响须增加端部法兰处和每节瓷套黏接处的探伤检验；而断路器中的附件（如外购的合闸电阻、均压电容）进厂后仍要进行检验。

　　（3）加工制造中的控制。重点是一些大的部件，如壳体和隔板。设备壳体现有焊接和铸造两种加工工艺，前者无论用何种材料均需进行探伤检验和压力试验；后者需对浇铸样棒进行成分分析和机械强度试验。对于自行生产的隔板，局放和机械强度试验是必不可少的项目。此外，导体的镀银质量也是要逐个检验的。

　　（4）产品组装的控制。产品组装阶段关注的问题有连接件对中误差，紧固件的力矩，以及为防止异物的产生、带入和遗留而采取的措施。工厂应有效措施确保每个装配完的气室内的洁净度。各个元件装配过程的试验和质量控制，包括二次回路与汇控柜内的接线也是关键节点。

　　（5）出厂试验。标准要求的出厂试验项目和要求较多，在此仅提示几个原则问题，用户与生产厂家可对其他关心的内容进行协商讨论。

1）主回路电阻测量。各功能单元装配完后应进行本项试验，试验的测量电流为不小于 DC 100A，并应与型式试验时的电流相同，测量结果不得超过出厂试验值的规定。

2）开关装置的机械特性。包括断路器，隔离/接地/快速接地开关的机械特性试验应符合规定要求，对断路器还要求分别满足本体和操动机构的特性，且主触头动作与辅助开关切换时间的配合也要符合产品技术条件规定。

3）主回路绝缘试验和局放试验。国内现在对 252kV 及以上电压等级的 GIS 和罐式断路器的出厂绝缘试验已要求分别做雷电冲击和工频电压耐受试验，由于冲击试验对固定性绝缘缺陷的灵敏度高，且易发现金属异物，一般程序应先做雷电冲击电压试验，后做工频电压耐受试验。局放试验可结合工频试验进行。GIS 在工厂内应将提供给用户的产品按间隔或运输单元进行组装，如有条件，主母线也应组装，绝缘试验应在组装后的产品上进行，试验中不允许用试验套管和标准的操动机构。试验的判据是只允许有一次放电，如再次加电压仍放电，则应打开进行检查，为提高效率和方便查找放电点，须尽可能避免工装放电，并鼓励装设故障定位装置，以区分是工装放电还是被试设备放电，和被试设备哪个气室有放电。如果提供给用户的产品配有在线检测装置，绝缘试验时该装置应该安装在设备上一起进行考核，这么做还可验证装置的性能，利用其定位功能查找放电点。

3. 包装与运输

考虑到运输、现场起吊和安装的便利性，应优先考虑设备整间隔包装运输，如此运输到现场，安装时只需将要进行连接的隔室打开，这样既降低了安装时尘埃、异物进入的影响，也减少了连接工作量。目前国内的制造水平对 252kV 及以下电压等级产品基本上都可达到这个要求。对无法按整间隔装配成运输单元的设备，原则上应以功能单元为运输单位进行包装，不得以散件形式运输到现场再进行组装。GIS 应充入微正压干燥气体运输，以防止在运输过程中受潮、减少现场气体处理时间和工作量，同时还可在现场存放一段时间，充入的微正压干燥气体可以是 SF_6、N_2 或干燥空气。如果产品不能在短时间内安装，必须充气存放，且应该定期检查气压，如存放期超过半年，启用时要再做出厂试验，试验项目可由用户与生产厂家协商决定。

GIS 的大件和主要部件的运输单元要安装具有计时功能的三维冲击记录仪和冲击记录指示器，要求在出厂包装时就应装好，记录厂内运输转运时可能发生的碰撞。在运输过程中也要定时检查冲击记录情况，如有异常即可紧急处理。冲击记录指示器成本低廉又可重复使用，完全可以做到每个气室都要装设的要求。

五、安装、调试和验收投运

1. 安装

设备现场安装的重要性不言而喻，经验表明 GIS 投运初期发生的故障中安装问题几乎占到一半以上，即使是出厂试验顺利通过，也可能因现场安装原因出问题，好在现今不仅是用户而且生产厂家也都认识到严格控制安装质量可以大大降低投运后发生故障的概率。影响安装的因素无非是客观和主观这两个方面，如果安装前的准备工作和所需具备的条件能够充分给予重视，设备安装质量将会有很大提高。

归纳起来设备安装需关注这几个问题：安装环境，设备验收，土建和设备基础施工质量检查，落实组织、安全和技术三项措施等。

　　（1）安装环境。现场环境会影响安装质量是个不争的事实，新设备投运后出现的内部闪络与气室内部有异物有直接的关系，很多次故障后打开气室找不到故障物，只能看到隔板或绝缘件灼烧发黑，但表面清洁后部件的绝缘性能并无下降，且再恢复运行平安无事。这种令人不解的现象尚无理论上的分析，只能认为异物已被烧光，但其与现场环境的关联度使人无法排除异物的影响。在这些案例中，大多数情况下现场的安装环境很糟糕，安装时土建工程尚未结束，或对接部分暴露在空气中的时间较长且没有防护措施，或夜晚施工，又缺少防飞虫手段等。为适应我国经济的高速发展，变电站建设赶工期的现象普遍存在，边土建施工边安装的情况也比较多。针对现状仅凭以往提出的对环境条件的要求是不够的，因为客观上无法做到，如此只能主动采取防护措施——搭建安装工棚或至少在间隔、元件对接面上加防尘罩。目前已有一些工程采取了这些手段，并收到了较好的效果。例如，1100kV GIS 现场安装中应用安装工棚后大大改善了环境条件，某 252kV GIS 在夏季故障处理中使用了安装工棚也确保了抢修一次成功。实际上对户内 GIS 安装如采用防护罩施工也大有益处，在这样一个相对封闭的空间内，空气湿度、扬尘和飞虫都能有效地得到控制。使用 GIS 安装棚会增加施工成本，但是相对于一次闪络故障的处理费用和停电损失要低得多。

　　（2）设备验收。设备运抵现场后须严格进行验收，如此既可及时发现设备经长途运输可能发生的碰撞等问题，又可以及时协调处理，避免临到安装时再发现问题，有可能会耽误整个工期。检查的内容包括包装无破损，设备整体外观完好；设备件数、型号与铭牌参数符合订货合同要求；所有附件、备件及专用工器具规格与数量符合订货合同要求；充有干燥气体的运输单元或部件，内部仍应保持正压存在；检查冲击记录指示有无异常并做好记录存档；出厂证明文件（产品合格证）及随运输所附的图纸、技术资料应齐全，符合装箱单内容和订货合同要求等。

　　在上述各项要求中，充气的部件气压指示和冲击记录情况应格外关注。前者说明有漏气的可能，安装时在气体处理中需采取加强措施；后者则有可能在运输途中有异常，必要时要打开气室检查，若确实有问题可能还需返厂处理。

　　（3）土建和设备基础施工质量检查。将本项工作纳入安装前的准备工作，是因为其与设备安装和今后的长期运行关系密切。检查的内容主要有基础表面平整度、基础沉降（包括基础板块自身、基础板块或独立基础之间的沉降），预埋件的位置、露出高度的误差，电缆沟以及土建施工质量。基础水泥浇筑面的平整度会影响到设备安装，设备就位时为保持整体水平度，会通过加垫片的方法调整各固定点以达到尽可能一致的要求（通常不超过 2 片），显然基础做得好可减少垫片或不用垫片。加垫片等于将原本整个设备底架受力变成底架固定点受力，长期作用后会出现变形，这点对户外设备尤要关注。基础沉降可通过现场设置的水准点进行检查，如超差太大须先解决再开始安装，否则完全靠伸缩节去吸收，投运后会有问题。预埋件如是接地体或螺栓，只要位置和露出高度基本符合要求，问题还不大；如是要与 GIS 底架焊接的工字型钢，则要求要高，以保证焊接后的设备平整度达到要求。

优良的土建施工质量除了表面平整，沉降在误差范围内，水泥浇筑面边角处无开裂或破损也是一项指标，特别是有二次浇筑工程的土建施工，当然这也包括对电缆沟的要求。需要指出的是，本项工作在土建施工过程中必须立即开展，这是因为对这些隐蔽工程如不及时检查，待水泥浇筑后则无法看到。

（4）落实组织、安全和技术三项措施。新设备安装工程中落实三项措施是电力系统坚持了多年的优良传统，三项措施指组织、安全和技术措施。同样，这些措施也适用于GIS 设备的安装。组织措施主要包括安装人员安排、施工计划制订和工作协调机制；安全措施是为了保证整个安装施工期间的作业人员的人身和设备（要求施工机械设备和待安装的设备）安全，可通过采取监护和危险点控制等手段来实现；技术措施包括编写安装作业指导书或施工方案，准备安装工器具，进行施工人员技术培训等方面的要求。

根据上述原则，生产厂家、施工和监理单位、用户都应根据各自承担的工作内容制定出相应文件，并相互通报备案，遇到问题时以此为基础协商解决。

GIS 的安装大致可以分为以下几个阶段：设备就位，间隔间和/或母线连（对）接，安装出线套管，附件安装与设备接地，气体处理及充气，二次部分安装。具体的安装流程及质量要求，各生产厂家和施工单位的作业指导书或施工方案均有详细的描述。这里需要强调的是，每个阶段完成后应注意检查和验收，符合规定要求后再继续下一个阶段的工作。

2. 调试

调试是检验安装质量和对设备投运前的最后一次全面检查，从试验项目上看与出厂试验项目差不多，也可以认为是验证出厂试验，故需严格按标准和规定去做。以下介绍几个需关注的问题：

（1）现场试验须具备的条件。完成设备安装和充气，气体密封性试验合格，这里强调一次和二次部分都应该完成安装。气体密封性试验是为避免出现发生漏气需打开处理的被动局面，而完成二次回路接线安装是为了具备操作条件。

（2）合理的调试顺序。宜先安排各个元件的调试、开关装置的机械特性试验、回路电阻测量等绝缘试验之外的试验项目，因为在这些项目中如果发现问题，很有可能要打开气室处理，最后安排绝缘试验。实际上在元件调试的保护装置校验中，开关装置会动作很多次，虽然出厂试验已要求操作多次并进行过清扫，但现场安装后仍有可能会产生金属异物，安排在最后的绝缘试验则可发现或消除这些缺陷。

（3）关于 SF_6 气体验收。待充入 GIS 设备的新 SF_6 气体，通过质量检验合格后方可充入。SF_6 气体的检验应在 GIS 设备充气后且过了规定静置的时间再进行，从充放气口取样。以往气体检验只要求测湿度，现在还需做气体成分检测，且重点关注的是气体纯度。经验表明，严格控制新气指标对保持长期安全运行的效果显著。

（4）绝缘试验。关于 GIS 的绝缘试验，标准中已有详细的规定，最新的工频耐受试验规定中对耐压值的要求已有提高，加压的顺序和保持时间亦有些变化，如果再继续去做局放试验可适当延长老练时间。对试验中出现内部闪络现象的处理应有一个原则，且在选用设备的技术协议中就须明确，规定出现几次应暂停试验查明原因，甚至可要求打开检查处理，决不可再继续加电压。经验证明，这种经多次耐压过关的设备投运后仍然可能会出问题，那时要处理就非常困难了。对 252kV 及以上电压等级的 GIS，有条件时还要求进行雷电冲击试验。

3. 验收

验收是检查设备安装、调试后是否达到合同和技术协议的要求，是否符合标准和产品技术性能要求。GIS 的现场工程验收应该按专业、分阶段进行，如安装验收要请土建和继电保护专业人员参加，投运前的验收最终是由运行人员负责完成的，有关项目和要求见表 5-1～表 5-3。

表 5-1　　　　　　　　　　设 备 安 装 验 收

序号	项目	内　　容
1	外观检查	外观完整无损，油漆颜色、涂装无误
		套管瓷件应无裂纹、破损
		检查螺栓紧固情况，发现有缺失和松动现象，需补齐和紧固
		设备支架及接地线无锈蚀或损伤，否则要求施工单位处理直至合格
2	一次设备安装	基础及预埋槽钢的水平误差不应超过设计规定；平台基础应与电缆沟保持一定距离
		已更换过吸附剂
		设备接线端子的接触表面应平整、清洁、无氧化膜，并涂以薄层电力复合脂；镀银部分不得锉磨
		SF_6 密度继电器或压力表压力正常，防爆膜完好无破损
		伸缩节调节尺寸符合规定
		外置式电流互感器外壳应紧固到位，否则会导致局部过热
		新 SF_6 气体应具有出厂试验报告及合格证，抽样测试合格
3	二次设备安装	就地控制柜按图纸设计位置就位，固定良好
		柜内配件齐全，电气元件固定良好，柜上标志正确、齐全、清晰、不易脱色
		接线端子排无损坏，固定牢靠，绝缘良好，编号正确
		沿本体敷设的电缆采用金属槽盒敷设，外露部分有金属护套管
		导线与电气元件间采用螺栓连接、插接、焊接或压接等均应牢固可靠；电缆外表不应有擦伤、芯线绝缘层无割破
		连接导线截面应符合技术协议要求
		电缆沟进线处和屏柜内底部应安装防火板，电缆缝隙、空洞应使用防火堵料进行封堵，要求密封良好，工艺美观
		用 1000V 兆欧表测量电缆各芯线之间和各芯线对地的绝缘情况，阻值均应大于 $10M\Omega$
		就地控制柜、机构箱接地应符合规定，包括电缆屏蔽层、柜内公共小母线等的接地状况

表 5–2 　　　　　　　　　　设 备 交 接 试 验 验 收

序号	项目	内容
1	主回路电阻	实测值不超过产品出厂试验值的 1.1 倍
2	主回路绝缘试验	按规定的加压程序进行工频耐压试验，试验电压和耐受时间应符合规定，如有条件可选择做冲击试验，试验中允许不超过 2 次放电
		工频耐压试验中应结合进行局部放电试验，结果无异常
3	密封性试验	气体检漏无异常
4	SF_6 气体检测	对充入设备的 SF_6 气体取样，检测湿度和纯度，结果符合规定
5	联闭锁验收	断路器与隔离/接地/快速开关之间的动作闭锁；断路器与操动机构、气体压力的动作闭锁
6	气体密度继电器、压力表和压力动作阀（如有）校验	应按各自规定通过校验或具备有效的产品合格证
7	与保护装置配合动作试验	开关设备能通过远方/就地控制操作，防跳跃、非全相保护动作正常；断路器低电压动作特性符合规定要求

表 5–3 　　　　　　　　　　设 备 投 运 前 验 收

序号	项目	内容
1	外观检查	气室分隔有明显的标记
		所有 SF_6 气体阀门均在打开位置
		观察窗清晰无模糊现象
		SF_6 密度继电器或压力表压力指示正常
2	操动机构检查	操动机构箱门密封应完整，电缆管、洞口已用防火堵料封闭
		液压系统应无渗油，油位正常；压力表指示正确
		加热器工作正常
3	支架及接地情况检查	支架及接地引线应无锈蚀和损伤，接地良好；接地引下线有明显标志
		接地引下线连接固定可靠
		操作平台、巡视便桥接地符合规定
4	联闭锁验收	重点检查断路器与隔离/接地/快速开关之间的联闭锁
5	二次回路验收	就地控制柜中转换开关、按钮外观完好，功能使用正常
		就地控制柜中所有标签完整清晰，定义明确，规格标准
		端子排和装置上接线无松动，重点检查电流、电压端子接线，防止电流互感器二次开路、电压互感器二次短路
		检查所有时间继电器的整定值是否符合要求，如未达到应调整并加封（有条件时）
		检查机构箱、控制柜的接地，包括电缆屏蔽层、柜内公共小母线等的接地状况
		电缆外表不应有擦伤，芯线绝缘层无割破；备用电缆和备用芯线需有序捆扎、排放，并做好端部的绝缘措施
		用 1000V 兆欧表测量电缆各芯线之间和各芯线对地的绝缘，绝缘电阻值均应大于 $10M\Omega$

六、运行维护

运行维护主要是根据生产厂家提供的产品使用和维护说明书的要求开展工作，当然用户自己的经验也很重要，若已使用过同类产品则更可结合自己的运行经验开展工作。相对于空气绝缘的变电设备，虽然 GIS 的集成度高，运行维护工作量相对较少，但对运动部件和辅助器件还是要加强检查和维护，而对户外设备腐蚀问题随着运行时间的增长也应注意维护和保养。运行维护要与巡视检查结合进行，巡视检查中如果发现有小的缺陷，通过维护可以解决，就没有必要再要求检修人员来处理，具体的要求见本章第二节。

七、状态检修

GIS 所有一次带电部分均密封在充气的隔室里，除非停电检修，隔室一般不会打开，而可维护检修的部件主要是操动机构及其外部传动系统，因此更适宜开展状态检修，即根据对设备状态的评价决定何时需进行检修。较之传统的定期检修，这种检修策略比较灵活，没有一个固定的检修周期概念，还可结合资产全过程管理方法预测设备可靠性和检修成本控制。实现状态检修后需注意避免出现失修的情况，对设备的评价要真实，特别是对操动机构及其传动系统，还是要进行定期检修。

状态检修按工作性质和工作范围可分为四类：A 类检修、B 类检修、C 类检修、D 类检修。根据评价结果决定采取哪一类检修，具体内容详见第六章。

八、技术改造

GIS 的技术改造是一项非常复杂的工程，相当于一个变电站除了母线构架外，其余设备都会涉及的工程。撇开改造的技术难度、工程上如何实现、施工困难等因素，仅一个停电计划协调就足够麻烦，因为即使只进行部分间隔改造，如果需要改造的设备属城市变电站或枢纽变电站，那么停电时间也会受到严格的限制，无疑这又是一个难以克服的障碍，故对一个变电站下决心实施技术改造是一件很慎重的事。

一个变电站内需要实施技术改造的条件包括：使用寿命所剩无几；设备参数已经满足不了系统发展的要求，如额定电流或短路电流值将要超过铭牌参数；设备出现的缺陷较多，且缺少检修备件或检修成本太高。这三个条件中寿命问题较难解决，设备参数不满足还可设法改变系统运行方式继续使用，备品备件可能要与生产厂家协商解决，按国际惯例即使是停产的产品也须在 10 年内向用户提供备品备件，至于检修成本可进行分解优化，将不必要的项目调整掉。需要强调的是，不论何种理由要确定是否需要进行技术改造，都应按资产全寿命周期管理的要求进行技术评估。此外，改造下来的设备还可以再利用，拆下的设备或元件如经过整修还可以利用，特别是因额定参数不满足要求的设备可以移到异地再使用，这也是"九、报废和处理"要讨论的问题。

值得讨论的是，实施技术改造的对象是整个 GIS，还是 GIS 中的局部元件。通常额定电流增容不会使所有出线都有问题，这样就只需对某个或几个间隔进行改造，如果母线电流已选高了一个等级，就无须改造了。对设备缺陷问题也是如此，除非是结构设计问题，缺陷大多发生在局部元件上，则改造也只需针对这些元件。从实施上看局部元件改造的难度要比整体改造高，现场拆装、新旧设备的连接及现场试验均具有很大的挑战，这需要事先经过多次研究和讨论协调才能最终确定方案。

九、报废和处理

需要改造的设备拆下后是否报废也要经过论证分析，按资产全寿命周期管理要求，物尽其用是优先考虑的原则，即可以利用的部件应进行维修后存放起来作为备品。至于处理，除了早期国产 GIS 受当年的设计水平、制造工艺和材料的限制需更换外，几乎还没有用户真正使用 GIS 到需要报废的产品，因此这方面的经验并不是很多。随着环境保护意识的提高，报废设备应进行分类处理，目前对金属、气体、油和橡胶制品均可回收，但对绝缘件和瓷件还没有好的办法，国外的做法是将其粉碎后作为填埋辅料，用于路基或建筑物的基础。

第二节 运行巡视和操作

运行中的 GIS 相当于一个变电站在运行，故而对巡视和操作的要求也与一般的高压开关设备不一样，虽然时下提倡变电站无人值守，所有信号均自动上传给集控站去监控，本节还是以有人值守的条件来介绍巡视和操作的要求。

一、运行巡视

运行巡视的目的是确保设备处于正常状态以能承担其在电网中所赋予的任务，结合巡视也会做一些有针对性的检查和维护，由此引出了巡视检查的术语。对有人值守变电站的巡视检查除每天定时开展外，如有断路器或隔离开关操作，运行人员也应到现场检查动作位置情况，该传统保持了多年还确实发现或避免了多起故障的发生。巡视检查中需强调对处于运行状态的设备不得遗漏，这里主要是指为了准备扩建而预投的备用间隔，包括隔离开关、母线端部的小气室等，当然也应包括就地控制柜中的二次部分。无人值守变电站平时靠远传信号进行监测，但只要有机会还是要实地巡视检查，如 GIS 有操作或处理其他事情时可顺便安排。按惯例巡视检查可分为日常巡视、专业巡视和特殊巡视三种情况。

日常巡视一般仅做常规的观察和检查。

专业巡视是根据状态检修要求提出的，由检修人员负责，重点检查某些设备，如断路器的操动机构、油气套管或电缆出线的状况、就地控制柜中的装置等；还有一种是有针对性的巡视检查，即已知同类设备在其他变电站出现了某个问题，检查本单位的同类设备是否也存在同样隐患。

特殊巡视是根据运行需要进行安排，如夏季用电高峰来临之前或用电高峰期内检查接线端子、开展红外测温；雨、雾季利用夜巡观察空气绝缘套管外表面的情况；高寒地区冬季巡视加热带工作情况等。

运行巡视通常由运行部门负责，运行值班人员或操作班人员具体执行，用户可根据生产厂家的要求和使用 GIS 的经验编写出设备运行规程，对运行巡视项目和内容提出要求。

1. 巡视检查项目与要求

GIS 的运行巡视可根据设备特点分成几大部分，如开关设备、进出线套管及不同方式的直连出线、设备本体的构支架和接地、避雷器、电压互感器等，具体的巡视检查内容则视设备要求而定。一般对日常巡视要求比较全面，专业巡视要有一定的深度，特殊巡视则是有重点的检查。实行状态检修后对设备巡视检查的要求应该提高，相对而言专业巡视的重要性要更高些，下面将分别进行介绍。

（1）日常巡视检查。本项工作由变电站运行或操作人员负责，表 5-4 给出了日常巡视检查的基本项目与要求，运行或操作人员应熟悉设备情况，要知道检查的目的和设备应有的表现。

表 5-4 日常巡视检查项目与要求

巡视检查项目	要求	说明
外观	电瓷外绝缘表面污秽情况； 设备线夹与引线无异常； 设备外壳油漆； 金属件锈蚀情况； 设备运行中有无异常声响	
气体密度	显示应在规定值范围内	环境温度变化时密度会受影响
开关设备位置、动作次数	位置指示正确、各元件的动作次数应匹配	
避雷器计数器与泄漏电流表	动作计数、电流显示正常	电流值应在规定值范围内
带电显示装置	符合实际情况	
操动机构箱、就地控制柜	箱柜门可关严，内部无凝露现象，指示灯、加热器工作正常	
接地装置	引下线无松动和锈蚀	
伸缩节	位移指示标尺在规定范围内	
设备基础、支架	应无明显变形和倾斜	
油气套管	伸缩节变化在规定范围； GIS 与变压器外壳连接处绝缘良好	
电缆终端	GIS 外壳与电缆连接处绝缘良好	

（2）专业巡视检查。专业巡视检查由检修人员负责，实际上也是状态检修工作的一部分，由于对设备情况熟悉，通过巡视检查可以发现存在的隐患或缺陷，同时还可以处理一些小的缺陷和检查已经处理过的缺陷情况。本项工作开展之前需先了解设备情况，特别是对运行人员已报出的缺陷应进行核实。各变电站的设备可能不尽相同，巡视检查重点可能不一样，须事先有检查计划。表 5-5 列举了专业巡视检查的项目与要求，检修部门可根据自己的经验增减。

表 5-5 专业巡视检查项目与要求

巡视检查项目	要求	说明
外观	设备线夹红外测温； 如有异常声响应查找声源	需与运行电流联系起来分析； 须区分存在内部缺陷还是由振动引起
气体密度	关注环境温度变化的影响； 如有多次补气应查找漏气点	注意高温时可能会超出上限值，低温下可能会低于规定值

续表

巡视检查项目	要　　求	说　　明
开关设备位置、动作次数	位置指示和/或各元件动作次数正常	如有异常需进一步分析
避雷器计数器与泄漏电流	动作计数、电流显示正常	如三相数据有明显差异，需进一步分析
带电显示装置	自检功能（如有）正常	应进行验证
在线监测装置	自检功能（如有）正常	应进行验证
操动机构箱、就地控制柜	打开箱柜门检查温度控制器（如有）； 二次元件和接线检查	温度控制器应能正常启停； 各元件、端子排无过热现象，接线无松动
油气套管	检查伸缩节各连杆间隙尺寸； GIS与变压器外壳连接处绝缘良好	如有超差须进行调整； 避雷器没有动作
电缆终端	GIS外壳与电缆连接处绝缘良好	避雷器没有动作，电缆护层和接地良好
伸缩节	检查各连杆间隙尺寸	如有超差，须进行调整
基础沉降	用水准仪检查（必要时）	与基础预埋水准点进行比较
根据运行和设备缺陷 记录重点检查	就地解决可处理的问题； 确认设备缺陷的性质	如更换指示灯、机构箱柜门封条等； 根据缺陷性质安排检修计划

注　1. 原则上日常巡视检查的项目均须包括，表中仅将要进一步做的项目和要求列出。

　　2. 如低温条件下出现气体密度低于规定值的现象，需按运行规程执行操作。

（3）特殊巡视检查。特殊巡视检查应是在特殊的运行条件下，为保证设备安全运行而临时增加的巡视，除了受异常气象、地质条件影响外，因系统原因也有可能会出现某些极端情况，此时可能要增加现场巡视检查，有时还会特别安排在夜间开展巡视。无论如何巡视检查，前提是必须保证巡视检查人员的人身安全，特别是在夜间或者异常气象和地质情况时。异常气象条件包括高、低温，雷暴雨，大雾，台风，沙尘暴、冰雪等，异常地质情况如地震、泥石流等。系统原因包括大负荷运行和系统在事故方式下运行（这时有可能某条或几条支路会短时过载），以及断路器开断故障后，这些情况下可能有必要加强巡视。需要指出的是，在雷暴雨、大雾或台风天气时，往往会出现连续故障跳闸，巡视安全问题更需注意。表5-6给出了特殊巡视检查推荐的具体项目与要求。

表 5-6　　　　　　　　　　特殊巡视检查项目与要求

巡视检查项目	要　　求	说　　明
外观检查	电瓷外绝缘表面污秽情况； 设备线夹和引线、基础沉降、构支架与 伸缩节变形	夜巡时还应观察有无电晕； 异常地质条件下须关注
气体密度	显示应在规定值范围内	注意极端环境条件下的影响
开关设备位置、动作次数	位置指示正确； 动作次数与保护记录一致	
避雷器计数器与泄漏电流表	动作计数正常； 电流显示应在规定值范围内	动作次数应与故障录波结果对应分析
油气套管/电缆终端	无异常现象	
操动机构箱、就地控制柜	无异常现象	

注　除表中要求之外，日常巡视检查的项目和要求也需做到。

2. 巡视检查中发现问题的处理

原则上巡视检查中发现可以处理的问题均要求在现场处理掉，特别是专业巡视，要求巡视人员应具备一定的检修技能。如发现重大缺陷应纳入缺陷管理系统并提出处理的计划；发现紧（危）急缺陷需要立即汇报并组织好人员和装备、工器具准备检修。如果检修涉及停电，在设备改到检修状态前还要考虑好故障预案，预防在检修前如果设备发生故障可能对系统运行造成的影响。

二、运行中的操作

GIS 中可操作的元件是开关设备，即断路器、隔离开关、检修接地与快速接地开关，日常操作应按运行规程执行，由于 GIS 中开关设备的全密封结构与空气绝缘的开关设备不同，所以操作前后的位置检查很重要，特别是三工位隔离开关操作后一定要确认。对隔离开关的正常操作有几个问题需注意：

（1）当隔离开关共用一个操动机构且相间外连杆又比较长时，操作后须检查距操动机构最远极连杆的位置，避免出现中间机构卡涩、传动不到位的现象。

（2）如果运行中需要用隔离开关开合小的感性电流，可能会引起快速瞬态过电压（VFTO），特别是 363kV 及以上电压等级的设备还可能会发生破坏性放电。为减少这种操作对设备可能造成的损坏，首先应选用已经通过母线充电电流开合试验的隔离开关，而且应在设备投运时进行现场试验验证。也可以利用带电冷备用这种方式，目的是避免隔离开关开合母线，其定义为断路器分闸后，靠近电源侧的隔离开关或母线隔离开关仍保持合闸位置，非电源侧的隔离开关或线路隔离开关处于分闸位置。这种运行方式在实际中已有应用，并起到了预计的效果。

（3）用隔离开关切合母线转移电流（即俗称的环流）操作时，操作前确认设备状态非常重要，特别是因断路器有问题而进行的操作，须防止在隔离开关操作中断路器出现误动。

（4）GIS 中配备的快速接地开关为了防止误动，操动机构是不能储能的，因此在操作前应先启动电机对弹簧进行储能，储能到位后方可进行开合操作；同样在检修工作结束后拉开接地开关，还要检查弹簧储能情况，应在未储能位置。该开关不允许出现误动，否则后果是非常严重的。GIS 的隔离开关气室外壳上可能设置有观察孔，可通过带光源的专用窥视镜检查开关触头的位置。在操作过程中应禁止观察，由于观察的面积有限，运行中仍应以控制屏电流指示为主，避免出现人身安全问题。

关于异常情况下的操作在本丛书的《高压交流断路器》一书中已有论述，断路器将按继电保护发出的指令按既定操作顺序进行操作。

第三节　技　术　监　督

技术监督是设备专业技术管理工作的一项内容，目的是从不同的角度来反映设备的状况，确保设备安全运行，同时也将作为对设备状态评价的基础，为实施状态检修提供数据。对 GIS 而言，技术监督可由以下几个部分组成。

一、运行监督

这是从运行角度提出的一个通用要求，由于运行的重点是保证设备安全可靠，这意味着设备如出现缺陷就应及时消除，因此缺陷管理将是本项工作一个很重要的内容。随着计算机办公的普及，可利用专业管理体系中的缺陷管理系统手段开展具体工作。监督可检查消除缺陷的效果、是否在规定的期限内完成，还可对缺陷数据进行统计分析，排除隐患。运行监督工作的具体要求见表 5–7。

表 5–7　　　　　　　　　　　运行监督工作的具体要求

项目名称	监督方法	标准（要求）与内容
设备参数校核	检查一次设备的额定电流参数	对调度中心编制的年度系统运行方式中给出的开关设备安装地点所需额定电流、额定短路开断电流值，每年定期进行校核
运行记录	检查运行巡视记录	对照生产厂家标准，检查： 断路器开断故障电流值； 断路器操动机构的油/气泵的总运转次数和/或时间； 开关设备、避雷器动作次数； SF_6 气体压力； 红外测温记录； 在线检测（如有）、二次保护装置异常记录
缺陷记录	检查消缺情况	缺陷定性正确：根据缺陷分类标准判断无误； 已报缺陷应在规定时间内完成闭环处理； 按有关规定做好缺陷统计分析和上报工作
故障分析	检查故障分析记录	运行中设备发生的事故和重大及以上缺陷均应有书面的技术分析和解决或处理情况的记录，如要制订反事故技术措施，应从运行角度提出要求
反事故措施	检查执行情况	反事故措施完成情况，如未完成需要说明原因
状态评价	评价报告	如有问题需与检修部门协商，研究解决措施
巡视检查	现场检查和检查记录	应按不同元件分别记录发现的异常现象和问题，认定有缺陷还须填写缺陷记录； 特殊运行条件下的检查：异常天气包括高、低温，雷暴雨，大雾，台风，沙尘暴等；大负荷运行；系统事故方式下运行等

二、绝缘监督

反映绝缘性能的指标有气体特性（因其重要性将放在"三、SF_6气体质量监督"专门介绍）、局部放电量，如与变压器直连或与电缆连接则还会涉及绝缘油和固体绝缘的一些指标，这些均属于绝缘监督的范畴。局放检测技术发展至今已比较成熟，相对而言被认为是一种可以用作发现或判断设备状态的手段，虽然其正确率还不是很理想。目前，局放检测主要使用两种方法：超声法和超高频法。前者比较灵活，信号传感器可在设备外壳的任何位置进行测量；后者要通过内置传感器或在隔板处测量内部放电传递的信号，如隔板带了金属法兰则只能利用环氧树脂浇注口的空间，但这会影响测量结果。装设内置传感器为在线监测创造了条件，而对整个在线监测系统来说也仅有局放检测可提供参考帮助。对局放异常结果的分析，排除干扰问题一直困惑着技术人员，因此即使有疑问也应先进行数据分析，如与历史数据、本次测量的相间数据比较，再结合气体特性进行分析。

三、SF₆气体质量监督

SF₆气体质量监督实际上属于绝缘监督范畴，由于 GIS 的气体用量大且重要性突出而专门列出。运行中表征气体质量的指标主要是湿度和成分，具体指标可参见《高压断路器》一书。SF₆气体湿度的危害性早已被人们认识，特别是湿度变化或增长较快时需引起重视，这时很可能隐藏有漏气现象，应该进行检漏，若出现低气压报警还要及时安排补气；要提醒的是，一般产品结构上在取气口附近安放有吸附剂，气体取样测得湿度大而内部气体湿度有可能还要更大，不排除要进行检修处理。另外，如气体湿度变化率很小，虽然超过规定值也不一定要紧急处理，运行经验表明有时现场测得的数据湿度达到好几百μL/L，设备仍可继续运行，这种情况在非灭弧室的隔室中比较多。气体成分可反映气室内部有无放电及放电程度，一般应定期安排测量进行监测，对敏感指标［如二氧化硫（SO₂）、硫化氢（H₂S）］应给予关注。当数值超过正常范围时，有必要缩短检测周期并对数据变化的增长率进行分析；若增长率梯度很大，应采取其他手段进一步检查，如测量局部放电。我国采用气体成分检测技术在 2000 年左右，形成定量分析的经验还不太丰富，曾遇到过因上述敏感指标均超标，但停电检查却没发现问题的尴尬局面，故遇此问题需综合进行分析后再决策。另外，气体纯度现在也开始被关注，我国对该指标的新气标准高于国外，但对运行中的数据尚无规定，纯度下降意味着有杂质增加，也可反映气体质量的变化，建议将该成分也纳入监督范围，且至少应高于国外运行中气体纯度大于 95% 的要求。

SF₆气体湿度测量通常采用的方法有露点法、阻容法和电解法。目前公认有效的是露点法，并在实践中普遍应用，但须注意露点仪要定期校验。SF₆气体成分检测现有两种方法：检测管和检测仪。前者虽然只能靠变色给出定性结果（如一支 1.0μL/L 的 SO₂ 定量检测管完全变色，说明其含量已超过该值），但使用方便只需取点气样即可，在事故检查中使用较多。当用检测管检测出现变色现象时，应使用检测仪进一步进行定量分析，市场上已有能满足检测精度要求的便携式检测仪。

对低温地区运行的 GIS 设备，监督工作中还包括对气体液化情况的监视，运行进入持续低温时期，对装有防止气体液化的技术措施应加强检查，对运行操作也要有一个预防措施。

四、检修监督

检修监督的目的是确保检修质量。与其他开关设备不一样，GIS 因结构限制且含有多种元件，检修涉及面较大。例如，检修母线隔离开关会要求母线停电，检修一个元件会要求相邻气室降气压等，这些要求增加了协调停电计划的难度，故实行检修监督的必要性毋庸置疑。有关检修工作的要求详见第六章，这里仅从监督的角度提出需要关注的问题。实行状态检修后检修是根据状态评价结果确定的，因此检修前监督确认检修必要性是很重要的一个内容，特别是对 A、B 类的检修需持慎重态度；其次是监督检修方案，内容须合理且便于实施，其中结合检修处理存在的缺陷切不可漏项；GIS 检修往往是依托或交给生产厂家去做，制订检修方案是双方协商讨论的结果，监督在这个过程中可充分发挥作用；检修的准备工作也是监督的一项内容，检修备品备件、人员安排、安全措施和停电计划等要事先考虑周到。检修过程中的监督除了现场查看、保持好的检修环境条件，保护好检修拆下的零部件，及时验收也很重要，尤其要监督做好对气室内部清洁度的检查。检修结束后要督促做好调试和有关交接试验，完成检修报告和工作总结，其中一定要反映出检修时遇到的问题和处理结果，为今后开展工作积累经验。需要强调的是，检修要有一个质保期，委托生产厂家检修如此要求，自己负责检修也应如此。

五、预防性试验

传统的预防性试验是结合检修周期、在停电状态下进行的。实施状态检修后，预防性试验概念发生了变化，进一步将其细分为例行试验和诊断性试验。定期开展的例行试验在设备运行状态下进行，目的是观察是否有异常情况存在；诊断性试验通常在实施状态检修前做，这时设备已在停电状态，那些需在不带电条件下做的项目可以实施，当然诊断性试验也包含了对发现的缺陷安排停电试验检查的内容。表5-8给出了有关的试验项目与要求。

表5-8　　　　　　　　　　　例行试验和诊断性试验项目与要求

试验项目	要　求	说　明
例行试验		
红外热像检测	出线连接部位，可以反映出内部情况的隔室[①]	
SF_6气体湿度/成分测量	符合有关规定要求	
局部放电测量	超高频或超声波法检测无显著异常信号	相间比较、与历史值比较均如此要求
诊断性试验		
主回路绝缘电阻	阻值无明显下降	
主回路直流电阻	不得超过规定值的范围	与交接试验值比较
局部放电测量	超高频或超声波法检测无显著异常信号	相间比较、与历史值比较均如此要求
工频耐受电压	出厂试验值的80%	必要时或在一次回路进行过检修工作后
保护装置校验	动作正确，整定值符合有关规定要求	
互感器校验	符合有关规定要求	
元件试验	应符合各自的规定要求	对元件实行检修后须做
SF_6气体湿度/成分测量	符合有关规定要求	
SF_6气体密封性检验	泄漏量小于0.5%/年	必要时或进行过漏气处理后
气体密度继电器校验	符合有关规定要求	
避雷器动作计数器、泄漏电流表校验	动作正确	
带电显示装置校验	动作正确	

① 据国外报道，红外热像检测技术也能反映出GIS内部的情况，感兴趣的单位可在这方面开展些工作，积累经验以增加检测手段。

第六章

气体绝缘金属封闭开关设备的维护保养和检修

GIS 的维护保养和检修是确保其安全可靠运行的重要手段。不同结构、不同介质、不同生产厂家，以及运行在不同系统、不同位置和不同环境条件下的 GIS，在运行过程中所需要的维护保养和检修工作可能有不同的要求。精心的日常维护保养和科学周密的检修计划是确保 GIS 长期安全稳定运行、有效预防事故发生和延长使用寿命的重要保证。

GIS 的维护检修工作可分为以下四种类型。

（1）日常运行维护：指运行人员对正常运行的 GIS 进行生产厂家规定的维护保养，如对不带电部分的定期清扫，给操动机构和传动部件添加润滑剂，放油阀的渗漏处理，熔丝检查和更换，气动机构的排水、排污和加换油等，以及结合其他设备停电检修机会对机械传动系统进行检查和瓷套管清扫等简单维护工作。运行人员进行日常巡视检查时，若发现异常现象，如漏油、漏气、压力表指示变化和有异常放电声等，应及时报告进行处理。

（2）小修：指定期的预防性维护检修和性能测试，相当于状态检修中的 C、D 类检修。GIS 中开关设备的小修周期一般为 5～6 年，或者结合例行检查结果进行安排。小修需要短时间的停电。

小修的重点在开关设备的操动机构上，即使在整个小修周期中操作次数并不多也应按要求的项目进行检修。此外，对设备整体外观也要进行一些维修，如伸缩节的调整，基础沉降的检测，外露部分的机械连杆尺寸、紧固检查，带电显示传感器检查等；二次部分则按专业标准检查。

（3）大修：大修周期一般为 10～12 年，相当于状态检修中的 A、B 类检修。GIS 中开关设备的大修可以是根据设备运行状态，如操作次数、累计开断电流、弧触头的烧蚀程度等达到了生产厂家规定要求，需要更换零部件或解体检查的检修；也可以是根据小修测试结果进一步解体检查，扩大范围的检修。大修前应准备好需更换的零部件，并确定检修项目、编制检修方案等。

大修项目与要求一般以生产厂家规定为主，用户也可结合自己的经验补充内容，检修的范围可以是一个间隔，也可以是一段母线（包括连接着上面的所有设备），但很少会整套设备都停电进行检修，这意味着将会是一个变电站全停电的检修，现实中要做到这点困难很大，因此建议大修可打开个别具有典型意义的气室做检查性检修，如无问题，其余的气室就不必再打开了。

（4）事故检修或临时检修：GIS 在运行中发生异常情况或故障时，需要立即停电进行检查和检修。事故检修要根据具体故障情况或异常情况进行有针对性的检查和检修，并应查明故障原因采取相应措施。检修后应进行规定的试验，合格后方能投运。

GIS 的日常运行维护工作一般由变电站的工作人员负责，小修由经过培训的专业检修人员或委托制作厂进行，大修应该由生产厂家负责，实施返厂检修或轮换式检修。需要指出的是，检修后的验收工作应得到充分重视，该工作不仅仅是为了检查检修质量，也是为了确保设备在下个检修周期前能够安全运行。

第一节 检 修 原 则

GIS 是 20 世纪 60 年代以后才陆续发展起来的 SF_6 气体绝缘金属封闭开关设备，由于除进出线套管和开关设备的机械连接之外，所有设备均封闭在金属外壳内，所以对 GIS 的检修原则和检修方式就不同于对空气绝缘（敞开式）设备的检修，敞开式设备的检修只是单个元件的检修，而 GIS 中任何一个主回路元件的检修都会涉及气体回收、处理及修后的绝缘试验等工作，关键是会涉及 GIS 整个设备的停电问题，影响很大。因此，从运行部门的角度出发，选用的 GIS 应该是免维修或极少维修的设备，即使是按传统的定期检修方式，与敞开式的单个设备相比，GIS 的大修和小修次数也应该大大减少，而检修周期应适当延长，所以对 GIS 施行状态检修将更为适宜。做好状态检修的关键是要对运行中的 GIS 进行更为周到和细致的日常维护保养工作，以及状态监测和评估工作。同样，GIS 的检修原则也应该遵从"状态检修，应修必修，修必修好"的要求。

一、GIS 的状态监测、评价和状态检修

状态监测是近年来发展起来的一门检测技术，可以通过在线或带电检测方法监视设备运行状况，GIS 由于集成化程度高且外壳接地更便于开展本项工作。状态监测数据是评价设备运行状态的依据，还是决策是否进行检修的一个重要条件，从而在状态监测、评价和检修三者之间形成了密切的联系，表 6-1 给出了目前 GIS 上可采用的状态监测技术。运行经验表明，这些检测项目是否需要采用在线监测还值得探讨。目前装设的各类在线监测装置可靠性还不是很高，尤其是在户外使用的一些装置，有时由于装置本身出现一些问题而发生误判，如出现故障、缺陷漏报或误报等问题，使得运行单位难以处理。另外，从检测结果的现实意义上看也仅仅是局部放电在线检测数据可以提供些参考，因为目前的技术水平还未达到可准确预测那些具有突发性的缺陷。这里要澄清一个概念：

状态监测不等于在线监测，在定期检修时期，表6–1中的许多项目也在开展带电检测工作，同样可以发现问题，当时的设备故障率也未因没有进行在线监测而比现在高，由此认为只要获得的检测数据正确，能反映出设备的实际情况，就不必拘泥于检测的形式。从投入成本和运行可靠性上看，装设在线监测装置需要大量的传感器、控制电缆和复杂的后台控制系统，购置装置和运行维护费用均很可观。不可否认，电气设备检测技术发展至今已积累了大量经验，对发现缺陷、提供设备运行可靠性是一个有效辅助手段，因此对带电检测工作是肯定的，要大力弘扬。不少单位利用预埋在气室内部的局部放电传感器开展运行中带电检测就是很好的应用实例，这样不如对发展型缺陷采取缩短带电检测周期甚至临时加装一个在线装置监视的措施，即使知道有缺陷存在，局面还是可控的。

表 6–1   GIS 上可采用的状态检测技术

序号	项 目	检测目的	测量方法	测量条件
1	短路电流开断值、次数	故障情况	故障录波器	在线
2	一次进/出线端子温度	回路连接情况	红外热像仪	离线
3	X射线探伤	回路连接情况	X射线成像	必要时，离线
4	SF_6气体密度	充气压力变化	专用仪器	在/离线
5	SF_6气体湿度	气体湿度变化	专用仪器	在/离线
6	SF_6气体分解物	有无危险的放电	专用仪器	在/离线
7	操动机构分合闸线圈电压/电流	操动机构动作特性	记录仪	在线
8	操动机构电机电压/电流	操动机构动作特性	记录仪	在线
9	局部放电信号	气室内部放电情况	超高频/超声波	在/离线
10	避雷器泄漏电流	阀片老化、受潮情况	电流幅值、谐波	在线

状态评价是根据运行记录（操作次数、存在的缺陷等）、状态监测数据、试验检测数据和维修报告综合分析后对设备状态做出的判断，目的是决策是否需要实施检修。随着设备资产全寿命管理概念的引入，状态评价还包括检修成本、设备剩余寿命及运行风险评估等因素的影响。

与周期性检修相比，状态检修实际上是一种有针对性的检修模式。通过状态评价分析出设备存在的隐患或缺陷，确定需要进行检修的内容，这种模式当然要比面面俱到的传统检修方式更有效，也可降低检修成本。状态检修的要求和标准应该仍按生产厂家的规定和检修导则进行。

二、故障检修或临时检修

故障检修属于临时性或突发性的工作，往往还包括要在现场先对故障原因进行一个简单的分析，这类检修的时间概念很强，受运行方式的影响，系统往往会提出限时完成的要求，因此需把握好保证检修后设备能安全运行和满足检修时间要求之间的关系。开展本项工作需注意以下几个问题。

1. 制订检修方案

故障检修首先要确定是现场检修还是返厂检修。发生故障后一般用户会通知生产厂家到现场共同研究处理方案，如现场条件许可且故障部位又便于处理，多数情况下会在现场进行检修，否则就要采取返厂检修的方案。其次要明确检修范围，原则上检修对运行设备影响越小越好，同时还要求便于施工，因为如前述 GIS 检修相邻气室需减压，使得设备检修范围要比一般的大。

临时检修在多数情况下是处理漏气、操动机构问题，避雷器或互感器异常情况，相对来讲方案要简单，原则上应以消除缺陷为主，要完全解决问题或恢复产品性能应另行安排检修。

2. 确定检修方式

故障检修时采用更换式检修还是仅进行部件检修需明确。更换式检修要求生产厂家提供一个损坏件的备品（可以是部件或元件，也可以是一个完整间隔）到现场直接对损坏件进行更换，完成后即可恢复送电运行，如生产厂家可提供现成的备品，该方式对系统影响最小，而损坏件修复后还可作为以后的检修备品。部件检修则要求生产厂家提供零部件，然后在现场将气室打开进行检修，这样做可能工作量要小些，但时间上未必节省，还要受到现场环境条件的限制，如环境条件很差，需要搭建防尘棚。临时检修的要求也可参照上述方法。

3. 检修后的调试

经过检修的元件按规定进行调试，检查其性能是否符合规定是必须要做的工作，具体的可按生产厂家规定要求或有关检修导则执行。这里时常会遇到绝缘试验的困惑——因受客观条件（检修时间、停电范围、系统运行方式等）的影响，现场绝缘试验无法进行，实践中对此亦有用运行电压对空载的经过检修的元件或间隔进行带电考核，但要延长加压时间，往往是 1~2h 不等，用户可根据实际情况决定。

三、技术改造

当设备接近使用寿命年限或不能满足系统运行要求时，或设备本身出现了较多的问题时，如变电站短路电流水平将超过设备额定值，设备额定电流值不能满足要求，设备存在的缺陷已无法通过检修来解决或检修成本太高等，应经过对设备的综合评估和技术经济比较提出技术改造计划。

GIS 的技术改造有设备整体改造和局部改造两种形式。与空气绝缘开关设备可以一台台进行改造不同，GIS 是组合电器，间隔之间几乎没有什么空间，只能一段母线停下来，甚至是全站停电开展工作，因此技术改造难度较大，国内从 20 世纪 70 年代后期起对 GIS 实行整体改造的工程很少多因此缘故。早期由于认识上偏于保守、投资大和可选择的范围小，电力系统中使用国产第一代 GIS 间隔的数量并不多，前些年这些设备在运行中出现问题后已经进行过一轮整体更换改造。局部改造的情况要简单些，如为提高开断短路电流能力改造灭弧室，为提高设备载流能力更换导体、电流互感器改变比，以及气动机构改造成液压或弹簧机构等项目，这些项目中只要更换机构不需要打开气室，工作量就可以小些。技术改造原则中已明确局部改造方案只能由原生产厂家提出，用户关心的是该方案是否经过验证，多数情况下这种验证不能仅靠模拟计算，应经过型式试验的考核，如灭弧室改造需经简化的满容量开断试验，更换的导体需符合温升试验要求，断路器操动机构也要经过机械寿命、关合和开断短路电流试验的验证才能使用，隔离开关操动机构改造则相对简单些。

在GIS技术改造中，制订停电计划至关重要，从减少停电影响、优化工期和便于施工这几方面来说，停电计划实际上也是一个缜密的技术方案。对GIS而言，整体改造似乎简单些，相当于变电站全停，但何时停电、停电多长时间还可斟酌优化；局部改造的停电方案就要复杂得多，对此一定要协调各方面的需求，尽可能设计一个最佳方案、考虑周全后再动工。

第二节 检修管理与质量控制

检修管理讲究的是综合管理艺术，GIS中的元件涉及多个专业，各元件的技术要求有很大的区别，检修时的安全措施与其他开关设备又有不同要求，这意味着在敞开式断路器、隔离开关检修时所采用的组织、安全和技术三项措施将增加新的内涵。GIS检修方式多样，如外包给生产厂家检修、生产厂家指导检修等，需要事先规划并在工作中进行协调。这些都是检修管理工作要统筹考虑的问题，对此须有一个全面的认识，以避免工作中的被动。故障检修或临时检修属于突发性事件，但是检修管理亦不可放松，因为这种检修是以抓紧恢复设备运行为目的，有些后续工作将会留待另行安排计划检修去做，因此管理工作一定要跟上，不可出现遗漏。

一、基本要求

GIS相当于一个变电站，是否需要检修需对设备状态进行评价得出。为确保检修工作顺利进行并达到预期效果，以下的各个环节需充分落实：修前准备、检修过程管理、检修质量控制和修后验收。在整个过程中安全意识必须放在首位，无论是人身安全还是设备安全均如此，如已回收气体的气室进人之前一定要彻底通风，必要时要进行检测空气含氧量，充气前要保证真空的保持时间等。

二、修前准备

修前应调查、收集设备运行材料（运行、缺陷和检修记录），为编写检修方案提供依据；做好备品备件和检修工器具准备，包括必要时需要的起重、运输装备，需要强调的是备品备件应该向原设备生产厂家采购，其他渠道采购的东西可能形似而质不同，无法保证检修质量；如外包检修需与检修单位谈妥工作范围和责任，以及验收标准和质量保证；A、B类检修要编写检修方案，C、D类检修只需编写作业指导书，对外包的检修方案须经过审查认可，特别是工作中会涉及第三方时（如与变压器或电缆进出线连接时），还应事先协调好连线拆解与恢复的工艺要求，备品备件中切不可遗漏这方面的需求；检修方案中应包括停电计划，若停电涉及面很大，计划可单列；最后落实三项措施。建议用户根据自己的经验再进一步细化准备工作。故障检修和临时检修由于时间限制，要重点抓好停电计划、检修方案和备品备件的准备。

三、检修过程管理

具体的检修要求在检修方案中已提出，这里只介绍 A、B 类检修过程中各阶段需关注的问题。整个检修过程大致可分为下述几个阶段：修前试验检查，气体回收，实施检修，充气及检查，调试和试验检测。

修前试验只是一些常规项目，如回路电阻、断路器的动作特性、互感器的二次绝缘等，检查主要是空气/SF_6套管、伸缩节、基础和接地连接等，试验检查结果将在检修报告中反映。

气体回收需注意两点，第一是安全，除了要检修的气室需回收气体，与其相邻的气室也需要降气压，如检修气室需要进人，相邻气室的压力基本就降到零表压了，虽然气室间的隔板可以承受的压力远高于相邻气室的额定压力，为确保不会发生人身事故还是要求降压，这点国内外的要求差不多。而相邻气室降压后又会引出绝缘降低的问题，结果往往会要求停电范围进一步扩大，使停电计划难以安排。第二是环境保护和气体再利用，回收应以可再利用的原则进行，这样气体回收装置和储存容器就须符合有关标准规定，而不是只将气体回收到储存容器，更不能将气体排入大气中。

需注意，不同生产厂家、同一生产厂家不同结构和不同时期的产品对检修工艺和标准的要求可能不同。对打开的气室完成检修工作后的清扫必须认真、细致、全面，每日还要填写检修记录，汇总后即可成为检修报告中的一部分。

充气及检查是对 SF_6 气体处理质量的要求，需要指出的是，充气前抽真空须严格遵守工艺规定，即使是抢修也要保证有一个最低限度的时间要求，高真空度保持时间必须要达到，这样方可做到一次完成充气工作。充气后的检查要在气体静置规定的时间后再做，气室连接处的检漏、气体湿度和纯度检验项目是不可或缺的，而且是每个气室、连接面都必做的。

四、检修质量的控制

检修质量是本次检修到下个检修周期阶段内设备安全可靠运行的保证，因而须对检修工作全过程加以管理和控制，对外包检修也是如此要求，须在合同中注明，且不能以最终验收来替代过程中的质量检查。计划检修的质量控制包括：检修方案制订、备品备件准备、检修场地环境保证（尤其要强调保持检修气室清洁度的要求）、落实安全措施、检修过程的质检、验收要求等。对故障检修或临时检修也应按此要求，但因时间有限可重点关注某些方面。

五、检修后的调试、试验检测、验收和投运

1. 基本要求

通过设备检修应能或基本上可以恢复到设备技术要求的性能，检修后的调试（包括检修过程中也会有调试要求）、试验检测是检验设备是否达到产品技术性能要求的主要手段，对开关设备而言，一次部分的触头行程、动作时间等都需要经过调整才能达到要求，二次部分断路器的低电压动作和防跳跃、非全相保护特性也少不了要调整，这些项目调试结果应满足生产厂家规定。试验检测是对设备整体性能的检验，有关国家和行业标准对其中的项目均有规定且是必须要达到的，当然用户还可以根据自己的经验或按执行反

事故措施要求再增加某些项目，目的就是要通过试验检测来证明设备经检修已具备投运的条件。

2. 试验检测项目与标准

按照检修的性质，试验检测项目和要求可能有所不同，原则上应根据有关标准规定再结合生产厂家的要求提出，实际工作中用户由于工作习惯上的差异，对某些调试项目、合格标准及由何专业人员去负责完成会有所不同。表 6–2 和表 6–3 是推荐的检测项目和标准，从其内容看由于小修一般不涉及设备停电，试验检测项目及带电检测方法以例行试验项目为主；大修则是在设备检修状态下进行，可以做那些只有在停电条件下才可进行的项目，即诊断性试验项目，内容上是比较齐全的。

表 6–2　　　　　　　　　　小修检测项目和标准

序号	检测项目	方 法 与 要 求
1	SF_6 气体质量	取样检测湿度和成分分析，结果符合规定要求
2	局部放电	超高频、超声波方法，无异常信号
3	红外热成像	分析运行电流与温度关系，测量值相间差异和每相绝对值应在规定范围内
4	外观检查	无异常表现
5	操动机构	按生产厂家规定要求
6	支架及接地、基础沉降检查	各间隔间外壳、支架及接地引线连接可靠，接地引线无锈蚀和损伤
		母线滑动支撑无损坏
		基础无明显沉降
7	就地控制柜检查	按生产厂家规定要求执行
8	伸缩节间隙调整	符合生产厂家规定要求
9	SF_6/油套管、SF_6/电缆连接	外壳间绝缘良好，符合生产厂家规定要求

表 6–3　　　　　　　　　　大修检测项目和标准

序号	检测项目	方 法 与 要 求
1	安排进行检修的元件性能	按生产厂家规定的项目和标准执行
2	X 射线检查	对怀疑有发热的部件位置进行成像检测（必要时）
3	主回路电阻	实测值不超过产品修前检测值
4	SF_6 气体质量	湿度和成分分析，结果符合规定要求
5	主回路绝缘试验	按规定的加压程序进行工频耐压试验，试验电压和耐受时间应符合规定，如有条件可选择做冲击试验，试验中不允许超过 2 次放电
		工频耐压试验中应结合进行局部放电试验
6	密封性试验	仅对补气和打开检修的气室进行，气体检漏无异常
7	SF_6/油套管、SF_6/电缆连接	绝缘电阻、介质损耗和电容量符合产品规定
		外壳间并联避雷器性能符合产品规定

续表

序号	检测项目	方 法 与 要 求
8	联闭锁验收	断路器与隔离/接地/快速开关之间的动作闭锁；断路器与操动机构、气体压力的动作闭锁
9	气体密度继电器和压力表校验	符合各自产品规定
10	与保护装置配合动作试验	开关设备能通过远方/就地控制操作，防跳跃、非全相保护动作正常；断路器低电压动作特性符合规定要求
11	互感器试验	符合各自产品规定
12	避雷器试验	符合各自产品规定

注 1. 须在完成小修检测项目后开展上述各项工作；

2. X 射线检查可作为修前试验的一个项目；

3. SF_6 气体质量检测应在充气 24h 后进行；

4. 如大修非整条母线停电，与被检修设备相邻气室因降压后补过气也要检测 SF_6 气体质量，其湿度和成分分析结果均应符合规定要求。

故障检修或临时检修是有重点的检修且受到恢复送电时间的影响，限于客观条件，故障检修或临时检修后的试验检测项目不可能像大修后那么全，但以下几点必须要遵守：

（1）进行检修的元件，凡涉及对元件或主要部件进行解体检修或更换的，原则上检修工艺和试验检测项目均须符合大修标准要求；

（2）与被检修间隔相邻气室因降压后补过气也要检测 SF_6 气体质量，其湿度和成分分析结果均应符合规定要求；

（3）如检修范围涉及与变压器或电缆的连接部分，试验检测项目中需考虑是否增加对该元件的检测；

（4）如受条件限制，检修后的绝缘试验可考虑用运行电压替代，此时须注意后备保护动作的可靠性，切不可出现保护失灵、越级跳闸的情况。

3. 验收

验收是质量控制的最后一个环节，验收通过即表明检修工作完成了，对外包检修来说更是对其工作的肯定，其重要性不言而喻。具体的验收工作对于计划检修有调试和试验检测报告、检修记录检查；现场设备状况检查，尤其是密度继电器、计数器、开关设备位置等指示；相间或气室外连接气管上的阀门位置等；要求调试和试验检测结果要符合有关标准规定；检修记录完整，如实反映工作情况；现场检查和操作无异常。对故障检修或临时检修的验收还需要注意安全问题，不可因为检修时间紧、工作环境复杂留下隐患。

4. 投运前检查

GIS 设备检修后、投运前的检查工作主要由运行人员负责，按设备运行规程对完成检修的设备进行检查，如开关设备的位置、检修安全措施已取消、带电显示与有关的信号灯、按钮和小开关位置、各气室的充气情况、伸缩节的位置，如有必要对联闭锁通过操作进行检查等内容，表 6-4 推荐的主要检查项目与要求可供参考。整个检查过程中检修人员应参与并负责处理那些不满足要求的问题。故障检修或临时检修由于范围不大，可只重点对检修的元（部）件进行检查。

表 6–4　　　　　　　　　　　　　　设备投运前检查项目与要求

序号	检查项目	要　求
1	外观	所有 SF$_6$ 气体阀门均在打开位置
		各观察窗清晰，无模糊现象
		SF$_6$ 密度继电器和/或压力表指示正常
		操动机构箱门、密度继电器防雨箱门、互感器端子箱门密封完好关严
		空气绝缘套管表面、接线端子无异常
		带电显示传感器完好
		防爆膜防护罩无松动、积水
		避雷器接线可靠、计数器和泄漏电流表指示正常
2	开关设备的操动机构	液压系统应无渗油，油位正常；压力表指示正确
		弹簧机构储能与缓冲器指示正常
		动作计数器、加热器、温湿度控制器（如有）工作正常
		箱门接地完好，箱内电缆管、洞口已用防火堵料封闭
3	设备支架及接地	各间隔间外壳、支架及接地引线连接可靠，接地引线无锈蚀和损伤
		操作平台、巡视便桥接地符合规定
		伸缩节间隙尺寸符合规定，位移指示正常
		母线滑动支撑无损坏
4	与变压器或与电缆连接	与变压器直连时要检查对接出的伸缩节间隙尺寸
		两种连接方式均要注意检查壳体间的绝缘，避雷器性能完好
5	联闭锁	有独立"五防"功能的装置需检查
6	就地控制柜与二次回路	转换开关位置正确，按钮、指示灯完好
		端子排和装置上接线无松动，重点检查电流、电压端子接线，防止电流互感器二次开路、电压互感器二次短路
		所有时间继电器的位置应符合整定值要求
		柜内公共小母线、电缆屏蔽层、柜门等的接地可靠
		柜内电缆进出线管、洞口已用防火堵料封闭
		电缆外表无伤痕、外露芯线绝缘层无破损；备用电缆、芯线端部有包扎
		动作计数器、加热器、温湿度控制器（如有）工作正常
		交直流电源转换装置（如有）工作正常，有自切换功能的需检查

5. 检修报告

全部检修工作结束后应及时提交检修报告，检修报告既是对工作的总结，也为设备在今后的运行提供了宝贵的数据，同时也是追溯检修质量保证的依据，这对外包或委托检修更为重要。无论何种检修，即使是故障检修或临时检修，工作完成之后都需要有一份检修报告，而且报告须归档保存至设备退役。

由于各单位习惯与要求不一样，对报告的格式无须考虑统一，但内容上应包括：检修时间与环境条件；分元件的检修项目和内容，这里要求凡是有数据的均应填写实际值；检修中处理和发现的问题，前者在检修前已知（如运行人员事先就报出的缺陷），后者是检修中新发现的，这些问题都要求有具体的描述和处理结果，如某螺栓松动，按多少力矩紧固等；调试项目和试验值，也应该有具体的数据；验收情况和总体评价。

第三节　GIS 整体的维护保养和检修

GIS 是由多个不同种类的元件组合而成的，每种元件虽然功能不同，但是在维护和检修方面，如外观检查、SF_6 气体湿度检测、回路电阻的检查等工作程序都是相同的。本节主要介绍 GIS 整体和主要电气元件的运行维护和检修要求，GIS 总体的大修项目详见各元件的大修要求。

1. GIS 整体的维护保养

GIS 整体的维护保养要关注以下情况：

（1）指示器、指示灯指示正常；

（2）无异常声音或气味；

（3）SF_6 气体密度（压力）监测数据在正常范围；

（4）定期检查各气室 SF_6 气体湿度；

（5）壳体表面油漆（有无脱落、起皮或划伤），局部漆膜是否有颜色加深、焦黑起泡；

（6）伸缩节间隙尺寸变化情况；

（7）钢构架、支架是否有生锈或损伤、变形；

（8）接地线和相间短接排有无松动、锈蚀；

（9）基础有无沉降或位移；

（10）机构箱和汇控柜的门应关闭紧密，无漏水和凝露现象，无锈蚀。

2. GIS 整体的小修

GIS 整体小修除应包含维护保养时的检查项目外，还应包括：

（1）主回路电阻测量。GIS 导电回路的良好接触是保证 GIS 设备安全运行的一个重要条件。导电回路电阻增大，在运行中将会造成接触部位过热、温度升高，而且会呈恶性循环，温度越高，接触越不好。接触部位温升过高，在其接近或超过极限允许值时，不但会严重影响 GIS 设备的电气性能，使与之连接的绝缘件加速老化，缩短设备使用寿命，严重时可能还会导致元件在正常工作电流时过热损坏。

主回路电阻采用直流压降法进行测量，施加的直流电流不小于 100A，测试用导线截面积不小于 16mm²。测量结果应不大于交接试验主回路电阻值的 120%。如果主回路电阻超标，应与生产厂家联系，并将测量结果结合历史记录进行比对，参照相关规定（如有关企业标准），综合各方面意见，最终考虑是否安排大修。

（2）与 SF_6 气体相关的检查。

1）用单独的标准压力表检查 SF_6 气体压力，同时校验 SF_6 密度继电器的压力示值是否正确。校验 SF_6 密度继电器的压力值时应注意周围空气温度，必要时应进行温度修正。

2）检查 SF_6 密度继电器报警接点的动作压力。

3）SF_6 气体湿度检测：SF_6 气体在正常工况下，是较为理想的绝缘及灭弧介质。其工作气压和湿度的高低对设备的安全可靠工作具有直接的影响，气体中湿度超标，GIS 的绝缘性能和断路器等的开断能力就会受到影响，严重时会存在安全隐患，甚至导致事故发生。GIS 中 SF_6 气体湿度在 20℃时的管理值参见表 6-5。

表 6-5　　　　　　　　　　GIS 中 SF_6 气体湿度在 20℃时的管理值　　　　　　　　单位：μL/L

隔室	有电弧分解物的隔室	无电弧分解物的隔室
交接验收值	≤150	≤250
运行允许值	≤300	≤500

SF_6 气体湿度主要来自气体本身、产品零部件中吸附的水分和运行中通过水蒸汽饱和压力交换进入灭弧室的水分。对 SF_6 气体湿度的检测应该定期进行，气体压力和周围空气温度对湿度测量的影响已有许多报道，因此在检测 SF_6 气体湿度时对温度应予以考虑。

检测 SF_6 气体湿度时，应注意在检测之前需要用吹风机将充放气接头和测量用气管里的残留水分吹干净，以避免影响测量结果。

（3）紧固件检查。检查紧固件的紧固状况（包括控制回路压板螺钉），尤其是可动元件的紧固状况，如断路器、隔离开关、接地开关。

3. GIS 整体的大修

GIS 整体大修应按以下条件而定：① 接近生产厂家建议的大修时间；② 可动元件的有负荷或无负荷操作次数达到生产厂家规定值；③ 小修时检查回路电阻超过规定值；④ SF_6 气体泄漏威胁到运行安全；⑤ SF_6 气体湿度超标；⑥ GIS 外壳表面油漆出现局部漆膜颜色加深、焦黑起泡现象；⑦ 运行中的 GIS 内部有异常声响；⑧ 其他可能威胁 GIS 安全运行的问题。

有关 GIS 整体大修的注意事项及作业要求如下：

（1）检修现场的环境及场地要求。GIS 解体大修工作对环境的清洁度、湿度的要求十分严格，灰尘、水分的存在都会影响 GIS 检修工作的质量及其后的可靠运行。

GIS 的大修应尽量返厂进行。当因为运输、时间等因素需要在现场检修时，必须要保证现场的检修环境满足如下的要求，原则上要求凡是打开的工作面均应处于搭建的防尘棚中，对户内设备如不能保证环境条件，同样也有此要求。

1）清洁度：GIS 解体检修时尽可能地保持无尘埃的干净状态，达到 100 万级的水平，即每立方米空气中 0.5μm 的尘粒数应不大于 1 000 000 个，每立方米空气中 5μm 的尘粒数应不大于 250 000 个。

2）温度：10～30℃。

3）湿度：小于 70%（相对湿度）。

凡是从气室内拆下的零部件，都要有严格的防尘措施。对拆下的零部件经检查评估还可继续使用时，应对每一零部件进行仔细清理，然后用塑料薄膜包好进行防尘密封保护。

GIS 的解体检修应当在当地一天温度、湿度变化最小的时间段进行。

（2）GIS 整体大修前的检查项目。

1）主回路电阻测量；

2）密封试验；

3）各功能元件要求的项目。

（3）SF_6 气体的回收。进行大修必须先回收相关气室的 SF_6 气体，GIS 进行开盖检修前，应采用回收装置将气室中的 SF_6 气体回收至密封的容器内，然后抽真空 1h，再使气室进入空气，压力为零表压。

需要注意的是，对发生过放电故障或者有电弧产生的气室进行解体检修时，由于电弧会使 SF_6 气体部分分解为多种有毒物质，这些物质呈气态及粉末状，气室内部的粉尘和气体对人的健康特别有害，必须采取措施确保检修人员的人身安全。因此，对于已经产生过电弧的气室，解体前的气体回收和解体后气室中粉尘的处理应按照本章第四节灭弧室大修的要求进行。

（4）导电回路的电荷释放。GIS 开展大修工作前，必须检查确保所有的与检修范围有关的接地开关均处于合闸位置，以释放已停电部分主回路上的残余电荷；对接地开关无法保护的部分应采用可移动或临时接地装置保证该部分的接地，如用带有接地线的接地棒挂在 GIS 套管端子上，也可以通过已开盖的气室固定到主回路导体上，接地装置的导线通流截面应符合有关规定。

第四节　断路器的维护保养和检修

GIS 用断路器主要由两部分组成，一部分是断路器本体，另一部分是操动机构。断路器本体部分包括灭弧室、并联电容器和合闸电阻。

GIS 用断路器的灭弧室有三相共箱和三相分箱的，有单断口、双断口和多断口的不同结构。GIS 用断路器的灭弧室封闭在接地金属壳体中，处于干燥的 SF_6 气体中，不受外部环境的影响，除了根据累计开断电流需要安排大修、更换烧蚀的触头和喷口外，可以说是免维护的。图 6-1 为 550kV GIS 用双断口断路器的结构示意图，供维护和检修时参考。

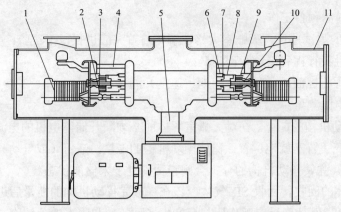

图 6-1　550kV GIS 用双断口断路器结构示意图

1—合闸电阻；2—电阻触头；3—动、静弧触头；4—并联电容器；5—绝缘支撑；

6—中间触头；7—压气活塞；8—压气缸；9—动、静主触头；10—喷口；11—罐体

1. 灭弧室的维护保养

灭弧室的维护保养除需要按本章第三节 GIS 整体维护保养要求的项目进行外，若在寒冷地区运行装有加热装置，应检查加热装置是否完好，在寒冷季节能否正常工作。

2. 灭弧室的小修

断路器灭弧室小修除需按本章第三节 GIS 整体小修要求的项目进行外，还应包括以下项目：

（1）机械特性测试。应该定期对断路器进行机械特性测试。影响运行中的断路器灭弧室性能的机械特性参数主要有：分闸时间、合闸时间、分闸速度、合闸速度、动触头行程，以及主触头动作与辅助开关切换时间配合情况。

（2）弧触头烧蚀量的监测。断路器灭弧室弧触头烧蚀量可以在本体不解体的情况下进行判定。根据运行记录，统计断路器的开断次数和累计开断电流，通过经验公式计算其电寿命水平；也可以在断路器小修时通过动态电阻测量方法检测触头烧蚀情况。如果接近产品规定的限值，应对触头合闸过程的接触行程（超程）进行测量；如果接触行程小于产品要求的允许值，则应对灭弧室进行大修，更换烧蚀严重的零部件。

3. 灭弧室的大修

（1）检修现场的环境及场地要求。GIS 中断路器灭弧室的大修不仅对操作者技术水平有较高的要求，而且对检修环境及场地也有较高的要求，检修现场的清洁度、湿度都会影响到断路器检修的质量，故一般建议返厂进行。

如果大修必须要在现场进行，或需在现场解体更换零部件，势必会使断路器灭弧室和绝缘件部分暴露在大气当中，所以，现场检修工作要严格对检修环境进行管理和控制。解体工作应该尽可能安排在清洁的室内进行，现场确实无条件时，必须搭建防尘棚进行防护。

凡是灭弧室内拆下的零部件，应采取严格的防尘措施。例如，在重新装配前对每一种零部件清理后，用塑料薄膜进行防尘密封保护；在当地一天温度、湿度变化最小的时间段进行装配。

（2）大修前的预备工作。

1）大修前的测试项目。灭弧室大修在解体前首先应进行以下试验：

a. 灭弧室触头行程和接触行程测量；

b. 机械行程特性曲线（时间、同期、速度）测试；

c. 主回路电阻测量。

2）释放操动机构的能量。在对灭弧室解体前必须断开储能电机的电源，将操动机构就地/远方转换开关置于就地位置，释放操动机构的能量，液压（或气动）操动机构的油（或气）压为零，弹簧操动机构的分、合闸弹簧均处于未储能状态。

3）SF$_6$气体的回收。回收 SF$_6$ 气体应该在释放完操动机构的能量后进行，长期运行后断路器中的 SF$_6$ 气体经受电弧作用，会产生多种气态和固态的分解物，其中有些分解物不仅有难闻的气味，而且对人们的健康也有危害，因此，必须用专用的回收装置将气体回收，用吸尘器将灰尘粉末等沉积物清除，然后将收集来的这些分解物放入 20%的氢氧化钠溶液中浸泡处理后深埋，或委托给专业处理有害物的公司进行处理。

4）用高纯氮进行冲洗。SF$_6$ 气体回收后，充入 99.99%的高纯氮至 0.2MPa，保持 30min 左右，然后抽真空，时间约为 1h，连续操作两次。最后充高纯氮 0.03MPa。

（3）灭弧室解体后应注意的事项。灭弧室解体后，检修人员应撤离作业现场到空气新鲜的地方，工作现场要进行强力通风以清理残余气体，至少间隔 30min 后再返回工作。

检修人员必须穿戴安全防护用品，防止吸入气室里的气体或粉尘，防止粉尘黏附到眼睛和皮肤上。

GIS 打开后，要用专用的吸尘器把内部粉尘吸干净后，再进行清理。

对清理出的粉尘、拆下的吸附剂应放入 20%的氢氧化钠溶液中浸泡处理后深埋，或委托给专业处理有害物的公司进行处理。清理用过的白布、纸巾等物品也要集中处理。

（4）灭弧室的检修。断路器灭弧室的大修项目须包含小修的全部项目，还应按产品使用维护说明书要求，结合以下检修项目进行：

1）对拆卸的零部件进行清理；

2）零部件状态检查，重点是动、静主触头，动、静弧触头，喷口，绝缘拉杆，压气缸，导电连接面及滑动接触面，传动轴销和挡圈；

3）更换不能使用的零部件，但密封圈必须更换；

4）对动、静主触头表面轻微烧蚀进行修复；

5）清理导电连接面及滑动接触面；

6）导电连接面按生产厂家规定涂覆防氧化导电脂；

7）滑动接触面按生产厂家规定涂覆导电润滑脂；

8）并联电容器（如有）检查，电容值和介质损耗测量；

9）合闸电阻（如有）检查，电阻值测量；

10）组装，新更换的吸附剂应在封盖前装入；

11）螺栓、螺母的紧固力矩确认。

图 6-2 示出了带有合闸电阻和并联电容器的断路器本体大修流程框图，没有合闸电

阻和并联电容器的断路器在检修时也可以参考。

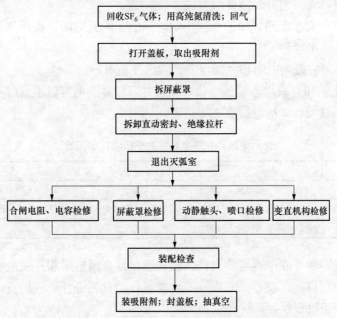

图 6–2　GIS 用断路器本体大修流程框图

（5）大修后的检查项目。灭弧室大修后的检查项目及标准见表 6–6。表中序号 1～3 应在组装前进行。

表 6–6　　　　　　　　　　　灭弧室大修后检查项目及标准

序号	检 查 项 目	标　准
1	并联电容器的电容值测量（如有）	电容值偏差不应小于生产厂家规定值的±5%
2	并联电容器介质损耗测量（如有）	$\tan\delta$ 不大于 0.5%（20℃时）
3	合闸电阻的电阻值测量（如有）	电阻值偏差不应小于生产厂家规定值的±10%
4	主回路电阻的测量	应不大于生产厂家规定值的 120%
5	灭弧室触头行程、接触行程测量	应符合生产厂家的规定
6	密封试验	小于或等于 0.5%/年
7	SF_6 气体湿度测量	小于或等于 150μL/L
8	主回路对地绝缘电阻的测量	应大于 1000MΩ
9	机械特性的测量	应符合产品技术要求
10	工频耐压试验	65%的产品额定短时工频耐受电压

4. 合闸电阻和并联电容器的维护保养和检修

通常在 363kV 及以上电压等级的进出线路的断路器上设置有合闸并联电阻，用于抑制关合空载长线时的过电压。

多断口串联的灭弧室为了使每个断口承受的电压均匀，有时也是为了改善开断近区故障时恢复电压的上升速度，均在每个断口上并联有电容量 1000pF 左右的电容器。

GIS 用断路器一般将合闸电阻和并联电容器与灭弧室设计在同一气室里，也有特断路器将合闸电阻与灭弧室分为两个气室的。

图 6–1 中高压交流断路器中的合闸电阻采用的是陶瓷电阻，断路器并联电容器有陶瓷电容器和浸油式电容器。

GIS 用断路器的合闸电阻和并联电容器应该是免维护的。

（1）合闸电阻和并联电容器的小修。合闸电阻和并联电容器小修时不需要进行设备的解体检查，小修项目和标准按表 6–7 进行。

表 6–7　　　　　　　　　　合闸电阻和并联电容器的小修项目和标准

序号	项　目	标　准
1	检查螺栓、螺母紧固力矩	按生产厂家规定
2	检查防水、锈蚀状况	防水措施完好，无锈蚀
3	测量电阻触头预投入时间	8～12ms

（2）合闸电阻和并联电容器的大修。罐式断路器合闸电阻和并联电容器的大修项目包含所有小修的项目，按表 6–7 和表 6–8 要求进行。首先进行外观检查，对不符合表中要求的零部件应予以更换；再进行试验测量。

表 6–8　　　　　　　　　　合闸电阻和并联电容器的大修项目和标准

序号	项　目	标　准	
1	检查电容器外观	浸油式电容器	无漏油现象
		陶瓷电容器	绝缘管表面无放电痕迹
2	测量并联电容器的电容值	电容值偏差不应小于生产厂家规定值的±5%	
3	测量并联电容的介质损耗值	如有，$\tan\delta$ 不大于 0.5%（20℃时）	
4	检查电阻片	无破碎、无裂纹	
5	测量合闸电阻的电阻值	电阻值偏差不应小于生产厂家规定值的±10%	
6	测量电阻触头预投入时间	8～12ms	

第五节　断路器操动机构的维护保养和检修

操动机构是 GIS 用断路器的动力来源，也是 GIS 用断路器的重要组成部分。常见的 GIS 用断路器的操动机构有弹簧操动机构、气动操动机构和液压操动机构。其中气动操动机构分为：分闸和合闸都依靠压缩空气的纯气动操动机构，和分闸（或合闸）依靠压缩空气，合闸（或分闸）依靠弹簧力的气动弹簧操动机构两种；液压操动机构分为氮气储能和弹簧储能两种。

国内外对高压交流断路器的故障统计表明，操动机构的故障占断路器全部故障接近 70%。要提高断路器乃至 GIS 的运行可靠性，首先必须提高断路器操动机构的运行可靠性。在改进和提高操动机构产品质量的前提下，加强对运行产品操动机构的维护保养是提高运行可靠性的关键。

一、弹簧操动机构的维护保养和检修

弹簧操动机构依靠储能弹簧释放的能量实现断路器的分、合闸操作。目前弹簧操动机构常用的弹簧元件有螺旋弹簧、卷簧和扭簧，各个生产厂家的弹簧操动机构虽然原理相同，但结构上各有差异，在维护和检修时应结合产品的使用、维护说明书进行。

图 6-3 给出了目前常用的 CT20 型弹簧操动机构的结构示意图，供维护和检修时参考。

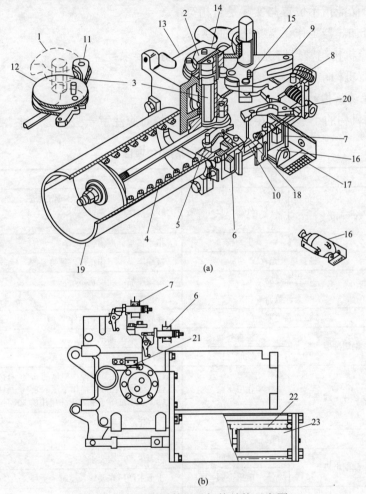

图 6-3　CT20 弹簧操动机构结构示意图

（a）剖视图；（b）局部图

1—凸轮；2—凸轮板；3—棘轮轴；4—合闸弹簧；5—合闸弹簧储能保持掣子；6—合闸电磁铁；
7—分闸电磁铁；8—合闸保持掣子；9—拐臂；10—合闸触发器；11—棘爪；12—棘轮；
13—机构框架；14—离合器；15—销子；16—储能电机；17—接线端子座；18—防跳销；
19—合闸弹簧筒；20—分闸触发器；21—微动开关；22—分闸弹簧；23—缓冲器

1. 弹簧操动机构的维护保养

对弹簧操动机构的日常维护应注意以下项目：

（1）检查机构箱外表，表面防腐有无破坏，有无锈蚀；

（2）查看位置指示器，分、合闸指示是否到位，与开关位置是否相符；

（3）检查计数器指示与记录相符；

（4）查看 SF$_6$ 密度表，指示正常；

（5）检查油缓冲器有无漏油痕迹；

（6）检查机构箱底部是否有碎片、异物；

（7）检查机构箱内的螺栓、螺钉、接头、照明灯，检查所有电气元件和二次线；

（8）检查储能指示位置与实际是否相符；

（9）检查加热器工作正常（适用时）；

（10）检查机构箱密封情况，达到防尘、防水要求；

（11）检查机构箱内有无凝露、受潮。

2. 弹簧操动机构的小修

弹簧操动机构的小修按表 6–9 要求进行，小修时应注意一些关键尺寸必须进行检查。

表 6–9　　　　　　　　　　　　弹簧操动机构的小修项目

序号	项　目		标　准
1	SF$_6$ 密度表	外观检查	（1）指示清晰可见，无损伤痕迹； （2）气压值在报警值以上； （3）固定牢靠
		压力校验	指示值与标准值相符
2	检查电气元件		接线牢靠，工作正常，螺钉紧固，标志清楚
3	检查加热器		接线牢靠，功能正常
4	检查计数器		计数正确
5	检查温控器		接线牢靠，功能正常
6	油缓冲器	检查外观	无油污及泄漏痕迹
		性能测试	缓冲曲线应符合生产厂家要求
7	分、合闸线圈	动作电压测量	（1）分闸：在额定操作电压的 65%～110% 能可靠动作； （2）合闸：在额定操作电压的 85%～110% 能可靠动作； （3）小于或等于额定操作电压的 30% 不能动作
		电阻测量	符合生产厂家要求
8	分、合闸时间测量		符合生产厂家要求
9	储能电机	储能时间	符合生产厂家要求
		电机电刷	小于生产厂家要求长度时应更换
10	辅助回路和控制回路绝缘电阻		不低于 1MΩ
11	机构箱	密封性	清洁，无进水痕迹
		呼吸孔	清洁，无污物
12	润滑		按生产厂家要求

弹簧操动机构的传动零件较多，而其本身又对传动摩擦等反力特别敏感，对弹簧操动机构维护保养的主要内容就是按照产品维护使用说明书的要求，在指定的部位涂敷规定的润滑脂。在进行表 6–9 中序号 12 的项目涂敷润滑脂时一定要注意什么地方该涂，什么地方不该涂，同时要使用生产厂家指定的润滑脂，否则会影响机构动作的准确性。

3. 弹簧操动机构的大修

弹簧操动机构的大修除按表 6–10 要求进行外，还应增加以下项目。图 6–4 和图 6–5 分别示出了分闸电磁铁和合闸电磁铁的装配及调整。

表 6–10　　　　　　　　　　　弹簧操动机构的大修项目

序号	项　目	标　准
1	检查 SF_6 密度表动作值	符合生产厂家要求，在相应的压力下能发出报警，闭锁信号
2	检查机械传动部件的磨损	根据情况进行更换
3	检查分、合闸弹簧	符合生产厂家要求
4	检查机械特性	符合生产厂家要求

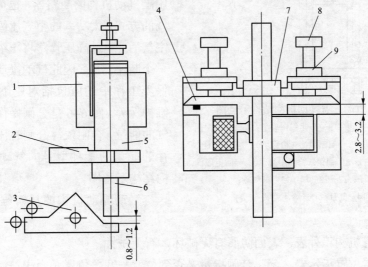

图 6–4　分闸电磁铁的装配及调整

1—分闸线圈；2—支架；3—分闸触发器；4—分闸线圈铁芯；5—铁芯；6—顶杆；

7—螺母；8—螺钉；9—螺母

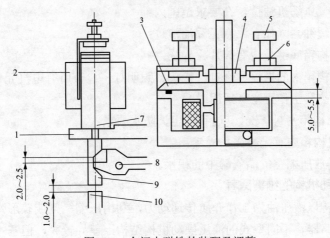

图 6–5　合闸电磁铁的装配及调整

1—支架；2—合闸线圈；3—合闸线圈铁芯；4—螺母；5—螺钉；6—螺母；

7—铁芯；8—合闸触发器；9—拐臂；10—防跳销

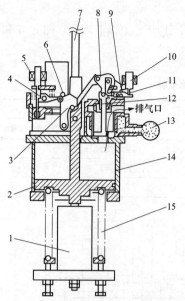

图 6-6　气动弹簧操动机构结构示意图

1—油缓冲器；2—活塞；3—分闸保持挚子；4—分闸挚子；
5—合闸电磁铁；6—合闸闭锁销（检修用）；7—操作杆；
8—凸轮拐臂；9—分闸闭锁销（检修用）；10—分闸电磁铁；
11—挚子；12—控制阀；13—储气罐；
14—气缸；15—合闸弹簧

二、气动操动机构的维护保养

气动操动机构分为以压缩空气推动活塞进行分闸和合闸操作的纯气动机构；和分（或合）闸操作依靠压缩空气的能量，合（或分）闸依靠压缩弹簧储存的能量的气动弹簧操动机构。与其他类型操动机构不同的是为保持压缩空气的能量，需有一个压缩空气系统，即由空气压缩机和储气筒（罐）组成来实现。若整个变电站都使用配气动机构的断路器，也可采取集中供气的方式，大功率的空气压缩机产生压缩空气后，通过高压管路将压缩空气送到每一个断路器上。因此气动操动机构的维护保养工作中还应包括对压缩空气系统的维护保养。图 6-6 是分闸操作依靠压缩空气的能量，合闸依靠分闸时压缩弹簧所储存的能量的某种型号的气动弹簧操动机构结构示意图。

气动操动机构的日常维护应注意以下项目：

（1）检查机构箱外表，表面防腐有无破坏，有无锈蚀；

（2）查看位置指示器，分、合闸指示是否到位，与开关位置是否相符；

（3）查看 SF_6 密度表，指示正常；

（4）查看空气压力表，指示正常；

（5）查看空气压缩机油位，在要求范围内；

（6）检查油缓冲器（如有）有无漏油痕迹；

（7）检查机构箱底部是否有碎片、异物；

（8）检查机构箱内的螺栓、螺钉、接头、照明灯，检查所有电气元件和二次线；

（9）检查加热器工作正常（适用时）；

（10）检查机构箱密封情况，达到防尘、防水要求；

（11）检查机构箱内有无凝露、受潮；

（12）定时排放压缩空气储气罐中的积水。

三、液压操动机构的维护保养

液压操动机构以液压油为工作介质传递动力，利用压缩氮气或碟形弹簧的被压缩变形为能源操动断路器。不同型式的液压操动机构结构上差异较大，但基本工作原理是相同的。本部分对液压操动机构介绍的维护和保养内容没有区分氮气储能还是弹簧储能，在实际工作中可以根据具体的对象进行取舍。图 6-7 和图 6-8 分别是某种型号的氮气储能液压操动机构和弹簧储能液压操动机构的结构示意图。

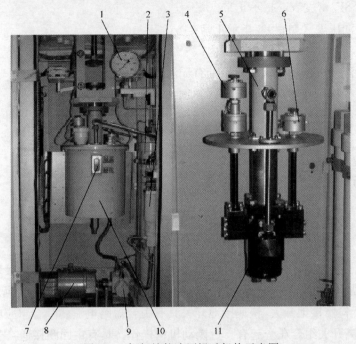

图 6-7　氮气储能液压操动机构示意图

1—油压表；2—蓄压器；3—压力开关；4—分闸电磁铁；5—工作缸；6—合闸电磁铁；

7—油位指示器；8—储能电机；9—油泵；10—油箱；11—阀系统

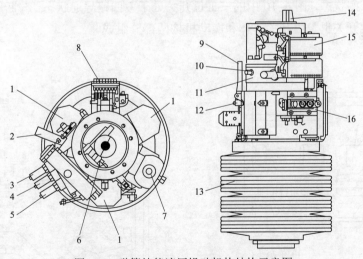

图 6-8　弹簧储能液压操动机构结构示意图

1—储能模块；2—油位观察窗；3—合闸电磁阀；4—分闸电磁阀Ⅰ；5—分闸电磁阀Ⅱ；6—活塞杆；

7—带电机的充能模块；8—压力开关组件；9—泄压手柄；10—注油接头；11—油箱；12—泄压阀；

13—碟簧组；14—防慢分支架；15—辅助开关组件；16—控制模块

液压操动机构的日常维护应注意以下项目内容和要求：

（1）检查机构箱外表，表面防腐有无破坏，有无锈蚀；

（2）查看位置指示器，分、合闸指示是否到位，与开关位置是否相符；

（3）查看 SF$_6$ 密度表，指示正常；

（4）查看油压表（如有），指示正常；

（5）查看油箱油位，在要求范围内；

（6）检查液压机构功能模块对接处有无渗漏油痕迹；

（7）检查机构箱底部是否有碎片、异物；

（8）检查机构箱内的螺栓、螺钉、接头、照明灯，检查所有电气元件和二次线；

（9）检查加热器；

（10）检查机构箱密封情况，达到防尘、防水要求；

（11）检查机构箱内有无凝露、受潮。

第六节　隔离开关和接地开关的维护保养和检修

GIS 中除了断路器之外，隔离开关和接地开关是可以动作的元件。接地开关分为检修接地开关和故障接地开关，一般称检修接地开关为接地开关，故障接地开关为快速接地开关。相对于检修接地开关，快速接地开关具有关合短路电流和开合感应电流的能力。接地开关和隔离开关组合在一起有一台操动机构操作，具有主回路接通–主回路隔离–主回路接地三工作位置的称为隔离接地三工位开关。图 6-9 和图 6-10 分别示出了一种两侧组合有接地开关的隔离开关和三工位开关的结构示意图，图 6-9 中的隔离开关和接地开关都处于分闸状态，图 6-10 中的三工位开关处于主回路导通状态。与断路器一样，隔离开关和接地开关也是由开关本体和操动机构两部分组成。

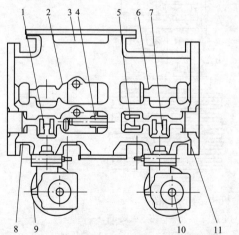

图 6-9　组合有接地开关的隔离开关结构示意图

1—接地开关静触头；2—导体；3—吸附剂；4—隔离开关动触头；

5—隔离开关静触头；6—导体；7—接地开关静触头；

8—壳体；9、10—接地开关；11—盆式绝缘子

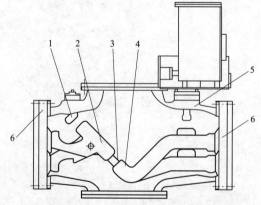

图 6-10　三工位隔离开关结构示意图

1—接地开关静触头；2—动触头座；3—动触头；

4—隔离开关静触头；5—壳体；6—盆式绝缘子

一、隔离开关和接地开关本体的维护保养和检修

GIS 用隔离开关、接地开关包括快速接地开关的开关本体有三极共箱的和一极一箱的。隔离开关和接地开关的一次主回路被封闭在充有一定压力的、干燥的 SF_6 气体的接地金属壳体中，不受外部环境的影响。

1. 隔离开关和接地开关本体的维护保养

对 GIS 中隔离开关和接地开关的维护保养，除需要进行本章第一节 GIS 整体的要求项目外，还应包括：检查外露的传动装置挡圈、开口销是否完好。

2. 隔离开关和接地开关本体的小修

对 GIS 隔离开关和接地开关的小修，除需要进行本章第三节 GIS 整体的小修要求项目外，还应包括：应该定期对隔离开关、接地开关和快速接地开关进行机械操作，测量开关的动作时间，对有速度要求的还应测量速度。

3. 隔离开关和接地开关本体的大修

（1）隔离开关开合母线转换电流次数超过 200 次，或是达到生产厂家规定的无负荷操作次数时，应对其进行大修。

（2）接地开关达到生产厂家规定的无负荷操作次数时，应对其进行大修；

（3）快速接地开关若关合 2 次短路电流，或是达到生产厂家规定的无负荷操作次数时，应对其进行大修；

对隔离开关或接地开关本体的大修项目可以参照本章第四节断路器灭弧室大修项目进行。同时，需要注意的是：

1）隔离开关、接地开关和快速接地开关大修时应进行解体检查，由于 GIS 因故障电弧或开关带电分合闸后，SF_6 气体部分分解为多种剧毒物质，这些物质呈气态及粉末状，故内部粉尘和气体对人的健康特别有害。虽然隔离开关和快速接地开关内部粉尘没有断路器气室的多，但是也应采取防范措施。因此，对隔离开关和快速接地开关解体前的气体回收，和解体后气室中粉尘的处理应按照本章第四节中灭弧室大修的要求进行。

2）隔离开关大修前后应进行机械特性试验和回路电阻测量。

3）对带有阻尼电阻的隔离开关，不论阻尼电阻采用哪种结构形式，应检查电阻表面是否完好，对电阻的阻值进行测量。

二、隔离开关和接地开关用操动机构的维护保养和检修

GIS 用隔离开关和接地开关所配的操动机构主要有气动操动机构、电动弹簧操动机构和电动机操动机构。GIS 用隔离开关和接地开关所配的操动机构与断路器用操动机构相比，操作功要小得多，结构也相对简单一些。根据需要，不同的气动操动机构可以用于隔离开关、接地开关或快速接地开关；采用气动操动机构时，操作用的压缩空气与断路器及隔离开关用压缩空气来自同一集中气源。电动弹簧操动机构用于要求具有一定速度要求的隔离开关和快速接地开关。电动机操动机构用于隔离开关或接地开关。

GIS 中隔离开关和接地开关的运行维护和检修可以参照本章第五节的内容进行。

图 6–11～图 6–13 示出了 GIS 中隔离开关和接地开关用的气动机构、电动弹簧机构和电动机操动机构的结构示意图，供维护和检修时参考。

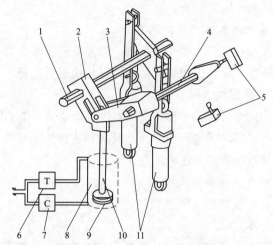

图 6–11　气动操动机构结构示意图

1—输出轴；2—夹叉；3—连锁杆；4—手动轴；5—限位开关；6—分闸电磁气阀；

7—合闸电磁气阀；8—气缸；9—活塞；10—活塞杆；11—缓冲器

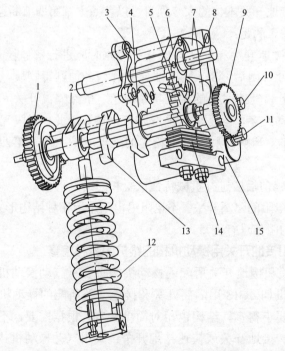

图 6–12　电动弹簧操动机构结构示意图

1—齿轮；2—拐臂；3—从动凸轮；4—主动凸轮；5—主动齿轮；6—从动齿轮；7—缓冲器；

8—输出轴；9—齿轮；10—手动齿轮；11—电机齿轮；12—弹簧；

13—拨叉；14—缓冲垫；15—储能电机

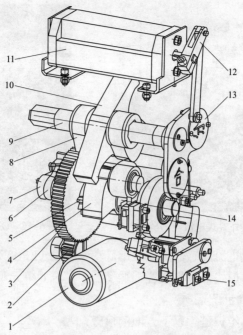

图 6-13　电动机操动机构结构示意图

1—电动机；2—齿轮；3—齿轮；4—主动凸轮；5—主动扇齿轮；6、7—凸轮；

8—从动扇齿轮；9—输出轴；10—从动齿轮；11—辅助开关；12—拐臂；

13—分合闸指示牌；14—主轴；15—位置开关

第七节　电流和电压互感器的维护保养和检修

电流互感器和电压互感器是构成 GIS 设备的主要元件，是电力系统测量和保护的重要设备，其作用是向测量、保护和控制装置传递信息，同时使测量、保护和控制装置与高电压、大电流隔离起来。GIS 用电流互感器主要采用电磁式电流互感器，以 GIS 的一次导体为电流互感器的一次绕组。GIS 用电压互感器有电磁式电压互感器和电容式电压互感器两种形式，工程应用主要以电磁式电压互感器为主。

近年来随着智能变电站的发展，电子式电流互感器和电压互感器也有了工程应用，光学电流互感器目前还处于研究阶段。

一、电流互感器

1. 概述

常规的 GIS 用电流互感器有外置式和内置式两种结构。外置式电流互感器如图 6-14 所示，一次导体处于密闭的 SF_6 气体中，二次绕组放置在壳体外侧的空气中，线圈外部装有封闭的保护罩；内置式电流互感器如图 6-15 所示，一次导体和二次绕组均处于 GIS 外壳内的 SF_6 气体中。

图 6-14　GIS 用外置式电流互感器

图 6-15　GIS 用内置式电流互感器

工程应用的电子式电流互感器大多采用低功率线圈（LPCT）传感测量电流，空芯线圈传感保护电流的结构形式，采集器置于端子盒中，合并单元则置于就地控制柜中。

2. 电流互感器的维护保养

电流互感器的日常维护进行以下方面的检查：

（1）二次回路的电缆及导线有无损伤；

（2）端子箱是否清洁、有无受潮；

（3）二次侧和外壳接地是否良好；

（4）外置式电流互感器的保护壳是否有进水痕迹、密封部位是否良好、保护壳连接部位是否松动，定期进行外壳电阻测量确保壳体回流正常等；

（5）有无异常声响和振动；

（6）SF$_6$ 密度继电器指示是否在允许范围内。

3. 电流互感器的大修内容

GIS 用电流互感器作为电力系统的计量和保护元件应该定期或结合停电检修进行检查，检查项目除照本节对整体检修的要求项目外，还应包括表 6-11 的内容。

表 6-11　　　　　　　　　　　　电流互感器大修项目

序号	项　目	标　准
1	检查二次接线端子	二次接线端子应完整、绝缘良好、标志清晰，无裂纹、起皮、放电、发热痕迹
2	检查接地端子	接地可靠、接地线完好
3	检查绕组外包布带	绕组外包布带应完好扎紧，无破损或松包现象
4	检查一、二次绕组，剩余绕组的引线及平衡绕组的连线	各绕组连线及引线应焊接牢靠，无断线、脱焊等现象
5	伏安特性测试	与出厂的伏安特性曲线比较，不应有明显差异

二、电压互感器

1. 概述

GIS 装用的气体绝缘电磁式电压互感器如图 6-16 所示，一次绕组和二次绕组为同轴圆柱结构，一次绕组装有高压电极及中间电极，绕组两侧设有屏蔽板，使场强分布均匀。二次绕组接线端子有环氧浇注而成的接线板经壳体引出进入二次接线盒，绕组间绝缘采用聚酯薄膜。

2. 电压互感器的维护保养

电压互感器的日常维护主要是进行外观检查：电压互感器内部声音是否正常，二次回路的电缆及导线有无损伤，电压互感器的二次侧和外壳接地是否良好，端子箱是否清洁、有无受潮，二次回路的电缆及导线有无腐蚀和操作现象。

图 6-16　气体绝缘电磁式电压互感器

第八节　避雷器的维护保养

一、概述

GIS 用避雷器主要为罐式无间隙金属氧化物避雷器，它是用来保护变电站的电器设备免受雷电过电压、操作过电压以及其他暂态过电压的损害。

罐式氧化锌避雷器主要由罐体、盆式绝缘子、安装底座及芯体等部分组成，如图 6-17 所示。芯体由氧化锌电阻片作为主要元件，它具有良好的伏安特性和通流容量，在正常运行电压下，氧化锌电阻片呈现出极高的电阻，使流过避雷器的电流只有微安级；当系统出现雷电过电压或操作过电压时，氧化锌电阻片呈现低电阻，使避雷器的残压被限制在允许值以下，并吸收过电压能量，从而为电力设备提供保护。

避雷器芯体密封在金属罐体内，罐内充有一定表压的 SF_6 气体。罐式避雷器一般有压力释放装置，当罐体内部的压力超过规定值时，释放罐体内部压力。在避雷器的附属箱上部安装放电计数器，可在运行中记录避雷器的动作次数。

图 6-17　罐式氧化锌避雷器

二、罐式氧化锌避雷器的维护保养

（1）日常巡视中要进行外观检查：重点是检查螺栓、螺母是否松动，接地部位是否良好；

（2）定期检查放电计数器：每月或遇雷电后应检查一次；

（3）定期进行绝缘电阻测量；

（4）定期进行避雷器泄漏电流测量。

第九节　进出线套管和电缆终端的维护保养和检修

GIS 与外部的连接，即进出线方式有三种，分别为套管进出线、电缆终端进出线和与变压器油气套管的直连进出线。

一、套管的维护保养和检修

GIS 用进出线套管为 SF_6 充气套管，通常与架空线或电缆连接。

GIS 用的充气套管结构如图 6-18 所示，主要由接线端子、套管、中心导体等组成。充气套管所用的绝缘套管分为瓷套管和复合套管。

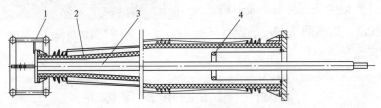

图 6-18　GIS 进出线充气套管结构示意图
1—屏蔽环；2—瓷套管；3—中心导体；4—屏蔽罩

套管的维护保养主要是日常的巡视检查。日常巡视检查主要查看套管有无破损、裂纹，套管表面污秽是否超出现场等级要求，套管表面有无放电痕迹，以及套管的电晕情况。

如果日常巡视检查发现问题或运行中出现异常，应及时上报进行检修。停电检修时应注意查看瓷套管本体和金属法兰胶装部位有无开裂、防水胶是否出现龟裂和剥离现象。如果套管本体与金属法兰的胶装之间有开裂现象，应及时与生产厂家联系，以确定是否需要更换；如出现防水胶损坏和脱落，应及时对其进行修补。对复合绝缘子套管要按规定检查其表面憎水性，伞裙是否有变硬发脆、开裂及爬电痕迹，如有这些现象或憎水性下降，应与生产厂家联系，进行处理。

清理瓷套管时要特别注意防止金属器械的碰撞，防止对瓷裙造成损伤；清理复合绝缘子套管表面时，严禁使用有较强腐蚀性的液体清洗，防止对有机绝缘材料造成腐蚀，应用清水或规定的工业酒精清洗。清理工作中要严禁使用锐器损伤绝缘子表面。

二、接线端子的维护保养和检修

接线端子负责 GIS 负荷的接入与送出，常年暴露在空气中，户外产品还要经受风吹雨淋。接线端子的维护保养应该与日常的巡视检查结合起来，一是查看接线端子及引线是否正常；二是采用红外测温检测有无不正常发热。

图 6-19 为一接线端子运行的照片。

图 6-19　接线端子

对套管接线端子的检修主要是检查螺栓的锈蚀和紧固情况，对锈蚀的螺栓应予以更换。大修时连接面必须打开进行清理，检修后再按力矩标准紧固。

三、电缆终端和油气套管的维护保养和检修

电缆终端作为 GIS 设备的另外一种进线、出线用的元件，它将交联聚乙烯电力电缆终端与 GIS 的电气和机械连接。电缆终端进出线在配电网路中使用的多一些；油气套管是 GIS 与变压器电气和机械直连时所采用的方式。

油气套管、电缆终端的结构示意图分别见图 6-20～图 6-21 所示，110kV 电缆终端外形图见图 6-22。对于 GIS 而言，其油气套管和电缆终端是与实际油气套管和电缆终端的一个过渡气室，为 GIS 分支母线的一部分。GIS 的油气套管和电缆终端的运行维护和检修的要求与 GIS 其他部分的要求没有差异。但是需要定期检查油气套管和电缆终端与 GIS 的结合部位，查看有无损伤、裂纹、漏气等现象；法兰连接处及接地是否可靠。

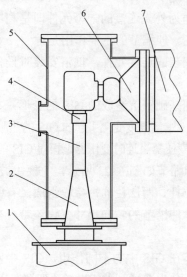

图 6-20　油气套管结构示意图

1—变压器；2—油气套管；3—连接导体；4—可拆卸导体；
5—壳体；6—盆式绝缘子；7—分支母线

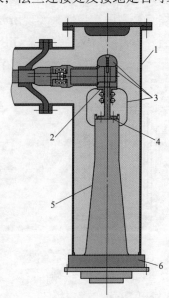

图 6-21　电缆终端结构示意图

1—壳体；2—连接导体；3—屏蔽罩；4—上部导体；
5—电缆终端；6—过渡法兰

图 6-22　110kV 电缆终端外形图

第十节　GIS 壳体及其附属部件的维护保养和检修

GIS 的壳体按照制造工艺分为铸造壳体和焊接壳体，按材料分为碳钢、碳钢拼接不锈钢、不锈钢，以及铝合金。选用碳钢拼接不锈钢、不锈钢及铝合金材料，主要是为了消除或避免大电流在铁磁材料上引起涡流产生的发热损耗。现在运行的 GIS 绝大部分外壳是铝合金材料。

GIS 外壳的维护保养和检修可以参照本章第三节的内容进行，本节主要介绍 GIS 附属部件的维护保养和检修。

一、伸缩节的维护保养和检修

伸缩节是利用其弹性来实现所要求的功能。伸缩节在外力的作用下将会改变形状和尺寸，当外力消除后又会复原。GIS 应用伸缩节作为外壳连接的一个元件即是利用伸缩节可变形的功能。伸缩节的主要作用是：

（1）作为安装的连接元件，抵消安装时设备的安装误差；

（2）抵消因基础下沉造成的 GIS 的变形；

（3）抵消周围空气温度变化引起的 GIS 的热胀冷缩；

（4）隔离与变压器直连时变压器谐振对 GIS 的影响；

GIS 用的伸缩节如图 6-23 所示，主要由波纹管、法兰、螺母、拉杆、两法兰的短接板组成，有些伸缩节为了直观显示伸缩节的轴向尺寸变化还带有有刻度的直尺。

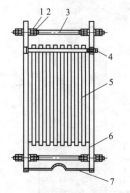

图 6-23　GIS 用伸缩节结构示意图
1—螺母；2—薄螺母；3—拉杆；4—刻度尺；
5—波纹管；6—法兰；7—金属短接板

根据伸缩节在 GIS 中的不同作用，GIS 中所用的伸缩节主要可以分为普通型伸缩节（装配调整用）、压力平衡型伸缩节（分为碟簧平衡型和自平衡型）、径向补偿型伸缩节等。图 6-24 为普通型伸缩节和压力平衡型伸缩节在现场运行的场景，图 6-25 为在现场运行中的径向补偿型伸缩节。

（a）　　　　　　　　　　　　（b）

图 6-24　现场运行中的伸缩节
（a）普通型伸缩节；（b）压力平衡型伸缩节

图 6-25 现场运行中的径向补偿型伸缩节

1. 普通型伸缩节

普通型伸缩节在现场组装完的现场交接试验结束后，也就是 GIS 投运前，将会松开伸缩节一端法兰内侧的两个螺母，使螺母与法兰有一定间隙，再将两个螺母互锁，如图 6-26 所示。不同的产品松开的间隙尺寸不同。

在日常的运行维护中尤其需要关注以下几点：

（1）检查伸缩节中波纹管部分形状无异常；

（2）法兰有无变形；

（3）法兰内侧限位螺母位置正确，没有发生松动；

（4）伸缩节的活动间隙有否余量（除非当周围空气温度处于产品使用条件的临界值）。

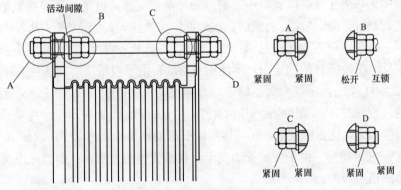

图 6-26 普通型伸缩节

2. 碟簧平衡型伸缩节

如图 6-27 所示，碟簧平衡型伸缩节依靠碟簧的预压缩平衡内压推力。GIS 在没有充气前，由于碟簧预压缩力的作用，A 处的螺母紧靠在弹簧筒端头；充气后，在由内压产生的内推力的作用下，预先压缩的弹簧力被平衡，整个伸缩节处于平衡状态，A 处的螺母处于松动状态。在现场交接试验完成后，应将 A 处的螺母向后退一定活动间隙，然后将两螺母互锁。不同的产品活动间隙尺寸不同。

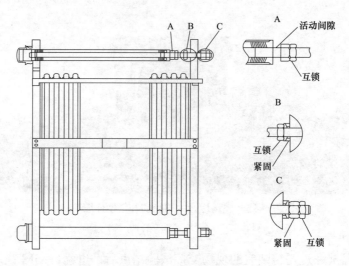

图 6-27 碟簧平衡型伸缩节

碟簧平衡型伸缩节的补偿原理：当温度降低时，壳体收缩变形，带动伸缩节两端的法兰，波纹管被拉伸，碟簧被压缩；反之，当温度升高时，壳体热膨胀变形，波纹管被压缩，压缩的碟簧被释放。由于波纹管的变形吸收了壳体的变形，从而消除或减小了热胀冷缩时壳体的机械应力。

碟簧平衡型伸缩节的运行维护和检修与普通型伸缩节的要求基本相同。

3. 自平衡型伸缩节

自平衡型伸缩节的作用与碟簧平衡型伸缩节是相同的，其结构示意图如图 6-28 所示，位于两端的称为工作波纹管，中间的称为平衡波纹管。自平衡型伸缩节是依靠有内压时，平衡波纹管与工作波纹管的横截面积差而产生的压差，达到平衡内压推力的目的。GIS 充气后，由于内压作用在法兰 A 上的伸张力与作用在法兰 C 上的内压推力大小相等，方向相反，在拉杆 B 的固定下，不能相对移动；由于内压作用在法兰 B 上的伸张力与作用在法兰 D 上的内压推力大小相等，方向相反，在拉杆 A 的固定下，不能相对移动。这样遇冷收缩时，在壳体收缩变形的作用下，大波纹管 B 被压缩，两个小波纹管 A 和 C 被拉伸；反之，遇热膨胀时，在壳体膨胀变形的作用下，两个小波纹管 A 和 C 被压缩，大波纹管 B 被拉伸。由于波纹管的变形吸收了壳体的变形，从而消除或减小了热胀冷缩时壳体的机械应力。

碟簧平衡型伸缩节的运行维护和检修与普通型伸缩节的要求基本相同。

4. 径向补偿型伸缩节

径向补偿型伸缩节在与母线壳体轴向呈垂直布置时，利用两端伸缩节的有限侧向角度变化，补偿母线轴向热胀冷缩时的变形。在侧向角度一定的条件下，加长或缩短中间壳体的长度，满足不同母线长度热胀冷缩变形需要。这种伸缩节的优点是补偿量大，对支架的刚度要求不高，缺点是要占用一定的空间。图 6-29 示出了一种径向补偿型伸缩节的结构示意图。

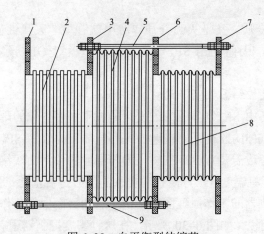

图 6-28 自平衡型伸缩节

1—法兰 A；2—波纹管 A；3—法兰 B；4—波纹管 B；5—拉杆 A；6—法兰 C；

7—法兰 D；8—波纹管 C；9—拉杆 B

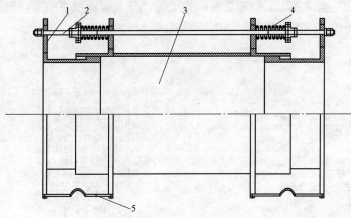

图 6-29 径向补偿型伸缩节

1—法兰；2—拉杆；3—壳体；4—螺旋弹簧；5—金属短接板

图示的径向补偿型伸缩节序号 1 和序号 3 之间为滑动密封，在工程应用中其外部还有一保护橡胶套，担负着防尘和防水的职责，在运行维护和检修时应注意保护套的状况是否完好。

径向补偿型伸缩节的所有螺母在运行中都应该是互锁的。

径向补偿型伸缩节的运行维护和检修与普通伸缩节的要求基本相同。

5. 伸缩节在检修时应注意的问题

（1）伸缩节与母线或分支壳体在拆卸或组装时，吊绳不得系在伸缩节上；

（2）伸缩节不允许直接放置在地面上；

（3）在伸缩节的拉杆、螺栓调整紧固过程中，应避免工具碰撞波纹管。

二、密度继电器的维护保养和检修

SF_6 气体由于具有良好的电气绝缘性能和优异的熄弧能力，而被广泛用做断路器、气体绝缘金属封闭开关设备、变压器、互感器等高压电器设备的绝缘介质。在断路器中 SF$_6$ 气体既是绝缘介质，又是灭弧介质。对电气强度、灭弧性能和导热能力起作用的是 SF$_6$ 气体的密度，因而利用 SF$_6$ 气体密度继电器对 GIS 设备中的 SF$_6$ 气体进行监测。

1. MK 型 SF$_6$ 密度控制器

为了甄别运行设备中 SF$_6$ 气体压力的变化是由于温度变化的影响，还是由于泄漏引起，早期产品对 SF$_6$ 气体的监视采用普通的 SF$_6$ 气体压力表和 SF$_6$ 气体密度控制器的组合方式。在压力表的旁边需要有 SF$_6$ 气体压力与温度的关系曲线铭牌，一些用户为了方便监视，在表旁还放置有温度计，方便查看实时的压力是否正常。图 6-30 是与之配合使用的 SF$_6$ 气体密度控制器的工作原理图和结构示意图。图中的工作原理图的微动开关位置为 SF$_6$ 气体低气压闭锁。如图 6-30 所示，在这种密度控制器中有一个密闭的标准 SF$_6$ 气体容器，当温度变化时，标准 SF$_6$ 气体和 GIS 气室中的 SF$_6$ 气体压力同步变化，使得图中的板处于平衡状态；在同一温度下，当 GIS 气室中的 SF$_6$ 气体泄漏时，平衡被破坏，板将逆时针转动，当泄漏达到一定量时，推动微动开关接通报警回路；泄漏严重时，继续推动微动开关使闭锁回路接通，切断断路器的操作回路。

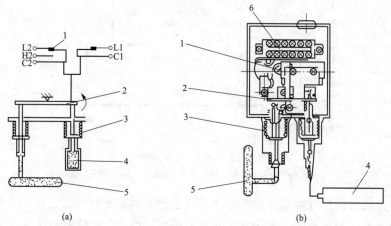

图 6-30　MK 型 SF$_6$ 气体密度控制器的工作原理图和结构示意图
（a）工作原理图；（b）结构示意图
1—微动开关；2—板；3—波纹管；4—标准 SF$_6$ 气体；5—GIS 中的 SF$_6$ 气体；6—端子

2. 指针式 SF$_6$ 密度继电器

表计合一的 SF$_6$ 密度控制（继电）器集压力表和密度控制器为一体，或称为指针式 SF$_6$ 密度继电器。指针式 SF$_6$ 密度继电器按结构分为双金属片结构和双弹簧管结构两种；按耐受振动冲击能力分为充油和不充油两种。充油的 SF$_6$ 密度继电器一般适用于振动冲击较大的气室，如断路器等；不充油的 SF$_6$ 密度继电器一般适用于振动冲击较小的气室，如充气套管、母线等。

双金属片结构的指针式 SF$_6$ 密度继电器的结构示意图如图 6-31 所示，由一个"C"形弹簧管、"U"形的热双金属片及其机芯部分构成。弹簧管的一端固定，当温度不变时，如果被测气体发生泄漏，SF_6 气体密度会改变，气体的压力会变化，弹簧管在压力的作用下产生变形，弹簧管的一端固定，另一活动端通过双金属片带动机芯运动。SF_6 密度继电器是在 20℃时，标准大气压环境下标定的，当温度偏离 20℃时，SF_6 气体的密度不变，但压力会发生变化，弹簧管感受到压力变化，活动端会动作，但是这时双金属片也会感受到同样的温度变化，并且会随温度变化伸长或缩短，双金属片的变化量等于相同温度变化引起的气体压力变化导致的弹簧管活动端的位移量，使机芯保持不动。双金属片的内侧是主动层，由线膨胀系数较大的金属合金做成（如铜基合金）；外侧是被动层，由线膨胀系数较小的金属合金做成（如铟钢），温度变化时，"U" 形的开口会变化，两端距离随着变化。

弹簧管的变形量取决于管子的内外压差，弹簧管的外部压力与环境气压相同，当环境气压为标准大气压时，密度表的读数符合标准规定。双金属片式密度表没有消除环境气压影响的功能，它显示的数值是在环境气压下，被测气体在 20℃时的表压值。所以环境气压改变时，密度表的指针就会变动，示值的变化量与环境气压的变化量相同。

3. 双弹簧管结构指针式 SF_6 密度继电器

双弹簧管结构指针式 SF_6 密度继电器的结构示意图如图 6-32 所示，由两个 "C" 形弹簧管实现压力测试和温度补偿功能。一个弹簧管用于测量被检测 SF_6 气体的压力，称为检测管；另一个弹簧管为一密闭容器，内部充有 20℃时的额定压力的 SF_6 气体，称为补偿管。检测管与被检测气室连通，另一端密封并且与补偿管的一端刚性连接。补偿管另一侧的封口带动拉杆推动机芯动作。

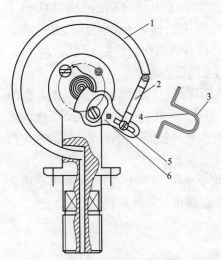

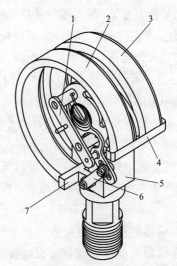

图 6-31　指针式 SF_6 密度继电器结构示意图
1—弹簧管；2—双金属片；3—被动层；4—主动层；
5—调节螺钉；6—机芯部分

图 6-32　双弹簧管结构指针式 SF_6 密度继电器结构示意图
1—机芯；2—补偿管；3—检测管；4—刚性连接；
5—弹簧体；6—拉杆；7—封口

双弹簧管结构指针式 SF_6 密度控制器在工作状态时，检测管和补偿管内都是额定压力的 SF_6 气体，此时如果温度偏离 20℃，系统管和补偿管内的压力同时升高或降低，由于两个弹簧管特性相同，产生的变形量也相同，结构特点使封口在此情况下不会产生移动，指针也就不移动，仍停留在20℃时的位置，即密度控制器指针指示的始终是20℃时气体的压力，也就是说温度变化引起的系统压力变化被补偿。

如果检测其发生泄漏，检测管会发生收缩，补偿管在刚性连接的带动下产生位移，封口带动拉杆推动机芯动作，指针位置随之变化。

由于两个弹簧管处在同一环境压力下，环境压力的改变会使两个弹簧管同时产生变形，两个弹簧管对封口处起的作用方向相反，大小相等，拉杆和机芯不会动作，因此环境压力的变化不会引起密度控制器指针的变化。

4. 带有变送器输出的SF_6密度继电器

随着电子技术的发展，出现了数字显示的SF_6密度继电器。数字显示的SF_6密度继电器利用压力传感器感知SF_6气体的压力，利用温度传感器感知温度，经过预置在芯片中的软件计算出消除温度影响的压力，数字显示。数字显示的SF_6密度继电器一般都带有远传数据的接口。由于数字显示的SF_6密度继电器存在在停电时无法显示的缺陷，因此工程应用的很少。

当需要远传数据时，工程应用大多是带有变送器输出的指针式SF_6密度继电器。这种密度继电器除了拥有普通指针式SF_6密度继电器的全部功能外，还能同步输出密度、压力和温度信号用于远方监测。输出的密度、压力和温度信号可以是模拟量或是数字量。模拟量输出的有压力和温度两路，或是直接输出密度；数字量输出的可以包含密度、压力和温度三种信号。

5. 指针式SF_6密度继电器的维护保养

（1）如果没有安装，观察零位是有效的方法。在20℃时，指针指向零位；偏离20℃时，指针偏离零位。若温度高于20℃时，指针偏离零位向下走，指针偏离的大小与额定值有关。

（2）在高海拔地区，如果没有安装，在20℃时，指针应指向当地的大气压力（指针向下偏离零位）；若温度低于20℃时，指针以当地的大气压力为基准向上偏离。

（3）使用中的指针式SF_6密度控制（继电）器，当周围空气温度偏离20℃时，表的指针仍应指示在额定压力。允许指针有小幅的偏差，量程为$-0.1\sim0.9MPa$的，指针偏差$\pm0.02MPa$是正常的。如果偏差过大，应观察是否有阳光直接照射到仪表，或当时是否有剧烈的温度变化，排除这些影响后，可初步判断仪表异常。

（4）密度继电器检定应按照国家标准要求的环境要求做，使用中的密度继电器通常使用专用的检定仪器，但是应该注意以下几点事项，否则很容易导致误判：

1）检定仪器的基准零位是否是一个标准大气压。

2）检定仪器与被检仪表是否有足够的时间恒温。

3）检定仪器的温度补偿方式是否与被检仪表相同，机械式（包括指针式和罐式）仪表使用定值（通常是额定值）压力进行补偿，纯电子式密度继电器使用全量程补偿，如果检定仪器的温度补偿方式与被检仪表不一致，在温度偏离20℃较大时，仪表在离开额定值较远的区域，会产生较大的误差。

（5）密度继电器的日常维护主要检查指针显示是否正确，充油密度继电器是否存在漏油现象。

（6）定期检测密度继电器的时间分为：

1）1～3年；

2）大修后；

3）必要时。

（7）定期检测密度继电器性能的主要内容有：

1）报警启动压力值；

2）报警返回压力值；

3）闭锁启动压力值；

4）闭锁返回压力值。

所测压力参数应符合生产厂家的要求，所测压力应符合周围空气为20℃时的值。

（8）对有异常的密度继电器应及时予以更换，更换下来的密度继电器应返回厂家进行检修。

三、支架及接地系统的维护保养和检修

1. 支架的维护保养和检修

GIS 设备的支架主要有焊接和螺栓装配两种结构，两种不同结构的支架在日常维护时侧重点有所区别。焊接支架要在日常巡视或定期检修时查看焊接部位的焊缝是否有开裂、腐蚀、锈蚀等现象。螺栓装配支架日常巡视或定期检修时要检查支架是否变形、连接螺栓是否松动、连接部位及其他部位是否锈蚀等现象。要对出现的缺陷及时处理，保证支架系统处于良好的状态。

（1）支架的维护保养。对支架的维护保养以日常巡视检查为主，在巡视检查过程中应注意查看：

1）支架表面防腐有无损坏和锈蚀（见图6-33）；

2）支架及其焊缝有无裂纹、开裂、变形（见图6-34）；

3）支架接地的连接状况是否良好。

图6-33　支腿锈蚀

图6-34　支架变形，连接缝隙变大

（2）支架的小修。支架的小修内容主要是：

1）对支架的锈蚀、油漆或镀层脱落、焊缝开裂等小的缺陷进行修复；

2）对锈蚀严重的螺栓、螺母进行更换。

（3）支架的大修。支架的大修内容除了包含所有的小修项目外，还应对锈蚀严重的支架进行更换。

2. 接地系统的维护保养和检修

接地系统是 GIS 设备安全运行的重要保障，接地系统的好坏对设备的运行有非常大的影响。如果接地连接不可靠，可能会造成壳体或支架的发热；还可能引起地电位升高，而地电位的抬升会引起火花放电等现象。

接地系统的维护主要检查连接螺栓是否松动，接地线是否腐蚀、锈蚀，壳体接地线连接面是否腐蚀、锈蚀等，如果出现以上现象，要及时进行维修，以保证接地回路的可靠连接。

四、汇控柜及二次设备的维护保养和检修

汇控柜是 GIS 设备的监测和控制枢纽，也是一次设备和电网二次设备之间的各种控制、保护、监测信号的集散地。因此维护好汇控柜及二次设备，对保证 GIS 的安全运行是非常重要的工作。

汇控柜内除了端子、连线、电源开关、继电器外，还有控制、保护、监测用的电子装置，对环境的要求相对高一些。为了保证柜内装置的正常工作，避免因大气环境导致柜内装置的误动或拒动，柜内应设通风装置并使柜内外空气流通，防止柜内凝露受潮和发霉；对于户外高寒湿热地区可以采用特殊设计的柜体，装设空调调节汇控柜内的温度和湿度。

1. 汇控柜的功能

（1）实施断路器、隔离开关、接地开关（快速接地开关）就地操作；

（2）监视 GIS 各元件的位置状态；

（3）监视 GIS 各气室 SF_6 气体密度及操作空气压力是否处于正常状态；

（4）实施断路器非同期跳闸功能；

（5）实现 GIS 各元件之间及 GIS 间隔内元件的电气连锁；

（6）GIS 各元件之间及 GIS 与主控室之间的中继端子箱，负责接收或发送信号；

（7）显示一次主接线形式及运行状态；

（8）监视控制回路电源是否正常，并通过电源开关、熔断器、保护开关对就地控制柜及 GIS 的二次控制、测量和保护元件起保护作用。

2. 汇控柜及二次回路的维护保养

对汇控柜的维护保养应注意以下事项：

（1）根据断路器、隔离开关、接地开关等元件运行监测设备显示的状态，判断断路器、隔离开关、接地开关的分闸、合闸回路及其他的控制回路是否正常。

（2）断路器、隔离开关、接地开关的位置指示状态应和实际运行状态一致，如果位置指示灯、位置指示器、机械式位置指示器等，出现损坏或者指示有误的现象时，应及时更换，如果不具备更换条件，应对问题指示元件进行记录，具备更换条件时予以更换。

（3）一般小容量加热器主要是为了防止汇控柜凝露，可以通过温湿控制器自动进行控制，加热器的电源开关应长久处于合闸状态。对于低温地区设置的加热器，在需要加热时，应能可靠运行。

（4）检查汇控柜的密封情况，如有漏水，则应及时清理并对漏水部位进行封堵处理（如涂抹防水胶、加设防雨护罩），并增加巡视的频次。

图6-35　控制柜通风口

（5）检查汇控柜的上、下通风口，如图6-35所示，通风窗中的过滤网起着防尘、防虫作用，应定期清理，以免影响柜体内外的通风。

（6）就地控制柜内安装的验电器是开关设备安全运行的闭锁元件，应保证其运行时电源的连续性，验电器的电源开关在运行中应处于合状态。

（7）柜内的二次元件不应有锈蚀、发霉等现象，如有应及时更换。

（8）应定期检查柜体上的绝缘件、橡胶件等柜体的附件，不能有龟裂、破损，以免影响就地控制柜的可靠运行。

（9）巡视检查中如发现凝露或结霜现象，应查找原因并采取措施进行处理。

3. 对汇控柜中二次回路进行检修时应注意的事项

（1）对于发生故障的二次回路，应先查清产生故障的前后经过及故障现象。检修前应先检查汇控柜内部的元件，如辅助开关、继电器、接触器、分合闸线圈等，有无明显裂痕、缺损，了解控制回路以往的维修史、使用年限等，然后再对机构内部进行检查。应排除周边其他问题引起的故障因素，确定为机构内部控制回路故障后才能修理。拆卸前要充分熟悉每个电气部件的功能、位置、连接方式，以及与周围其他器件的关系，应一边拆卸，一边画草图，并记上标记。

（2）只有在确定为非机械零件故障后，才能进行电气方面的检查。检查电路故障时，应利用检测仪器寻找故障部位，确认故障点，再有针对性地查看线路与机械的运作关系，以免误判。

（3）检修前可先判断电气元件，如按钮、转换开关、时间继电器、接触器、热继电器及保护元件是否完好，然后再给二次回路通电，回路通电时要听声响和测参数，以判断故障点，最后进行维修。

（4）对运行在污染较重的环境下的控制回路，应先对按钮、接线点、接触点进行清洁，检查外部控制键是否失灵。有些回路的故障可能是由脏污及尘埃引起的。

（5）供电电源部分的故障在二次回路的故障中占有较高的比例，检修时应对控制回路的电源回路进行检查。如果是使用可变电源对供电电源进行调整的，应对输出电压、电流进行测试。

（6）对控制回路和辅助回路进行功能测试或者绝缘测试、维护的过程中应做好记录，需要临时拆除接线测试时，在拆除前需对接线进行标记，测试结束后应保证接回原位置，有条件的可以拍照保存。

（7）需要对控制回路和辅助回路进行改造时，应了解回路原理和接线，改造结束后应对回路进行功能和参数的测试。元件需要更换的，应确保更换元件的安装方式、外形尺寸、接线方式是否能接入现有断路器的控制回路中。

4. 汇控柜及二次回路的小修

对汇控柜及二次回路进行小修前，应准备必要的工具和元器件，以及相关的图纸资料，检修人员必须预先熟悉回路及其原理。

汇控柜及二次回路的检修可按表 6-12 进行，对不符合表中要求的应予以修复或更换。

表 6-12　　　　　　　　　就地控制柜及二次回路的小修项目

序号	项　目	标　准
1	控制柜密封性检查	无漏水的痕迹、柜内装置表面灰尘正常
2	元器件及装置检查	a）无锈蚀烧损、霉变、污秽现象； b）接线端子、紧固螺钉牢靠，无丢失
3	熔断器、微型空气断路器检查	无损坏，工作正常
4	端子排接线检查	无松动现象，端子间没有放电、锈蚀、霉变的痕迹
5	电线的字号检查	清晰
6	电线检查	无硬化、热熔、破损现象
7	柜体上的绝缘件、密封橡胶垫	无龟裂、破损、脱落现象
8	清理过滤网的灰尘	不影响柜体内的通风
9	绝缘电阻测量	不小于 $1M\Omega$

5. 汇控柜及二次回路的大修

汇控柜及其二次回路的大修包含小修要求的所有内容。大修前应制定检修方案，核对新标准和设计规范，明确大修的汇控柜及其二次回路的原理、功能是否与之相符或满足现行要求。如有差异，应按照新的要求对回路进行改造。

（1）对于早期二次回路内的电气元件，确定是否有备品备件，是否还能采购到。如果采用替代的元件，新元件的性能参数和安装尺寸、位置应确保与原来的相同，比较如图 6-36 所示。

（2）辅助和控制回路的改造要与主控的保护、检测设备相配合。大修前图纸应得到相关单位的确认。

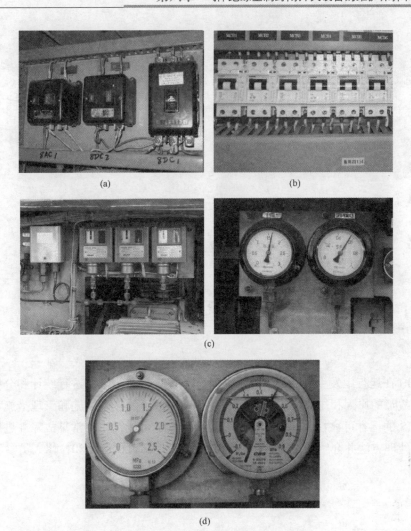

图 6-36 早期和现行表计

（a）早期控制回路内的自动开关；（b）现在常用自动开关；

（c）早期 SF_6 密度继电器与压力表；（d）现行密度继电器与压力表合二为一

第七章

气体绝缘金属封闭开关设备
常见故障分析与处理

对 GIS 在运行中发生的故障（包括各种缺陷、异常和事故）进行统计和分析，从中找出发生故障的原因和规律，提出防止和预防发生故障的技术措施和管理措施，将有助于提高 GIS 的运行可靠性。本章主要介绍运行中 GIS 可能发生的常见故障并进行原因分析，提出处理方法并介绍如何对缺陷和故障进行管理，可供运行和检修人员参考。

第一节　缺陷与故障管理

一、缺陷管理

GIS 缺陷管理是运行维护工作的一个重要组成部分，GIS 存在的缺陷反映出设备的健康状况和检修质量水平。在加强缺陷管理的基础上，通过对已掌握的故障、缺陷进行统计分析，找出缺陷发生规律，消除缺陷，以达到不断降低故障率的目的。

1. 缺陷分类

缺陷分类是规范管理的要求，根据缺陷的重要性按轻重缓急进行处理，如此既可合理发挥有限的人力资源，又可不影响设备安全运行。按照 GIS 缺陷的严重程度，一般可将缺陷分为危急、严重和一般三类。

（1）危急（紧急或 I 类设备缺陷）：对人身和设备有严重威胁，不及时处理随时可能造成事故。通常应该在 24h 内消除缺陷。

（2）严重（重大或 II 类设备缺陷）：对人身和设备造成威胁，但尚能坚持运行，由于对运行影响较大，一般要求在一个月内消除缺陷。

（3）一般（III 类设备缺陷）：除了上两项之外的缺陷，且短时之内不会发展劣化为重大或危急缺陷，缺陷消除没有具体的时间限制，在检修周期内处理完即可。

GIS 缺陷分类标准见表 7–1。

表 7–1　　　　　　　　　　　GIS 缺 陷 分 类 标 准

设备（部位）名称	紧 急 缺 陷	重 大 缺 陷
导电回路	导电回路部件严重过热	导电回路部件温度超过设备允许的最高运行温度
接地线	接地引下线断开	接地引下线松动
开关设备分合闸位置	分、合闸位置不正确，与当时的实际运行工况不相符	分合闸指示牌掉落
SF$_6$ 气体系统	设备出现严重漏气；密度继电器发出报警信号	SF$_6$ 气室严重漏气，发出信号
		SF$_6$ 气体湿度严重超标
		SF$_6$ 监视表计损坏
		SF$_6$ 气体成分异常
设备本体	设备内部有异常声音（漏气声、振动声、放电声等）	三相电流不平衡
	防爆膜变形或损坏	外壳或连接螺栓发热
	设备附近出现异味	局放超标
	存在压差的相邻气室出现压力平衡	地基下沉
		伸缩节变形
二次控制系统	直流接地	加热器、温控器损坏
	接触器、继电器损坏	报警装置、带电显示装置异常
瓷套或绝缘子	有开裂、放电声或严重电晕	严重积污
操动机构	气动操动机构加热装置损坏，管路或阀体结冰	气动操动机构自动排污装置失灵
	气动操动机构空气压缩机故障	气动操动机构空气压缩机工作超时或频繁启动
	液压操动机构油压异常	液压操动机构油泵工作超时或频繁启动
	液压操动机构严重漏油、漏氮	机构缓冲器或限位装置失效
	液压操动机构油泵故障	机构箱进水
	弹簧操动机构弹簧断裂或出现裂纹	最低动作电压超出标准和规程要求
	电机损坏	
	绝缘拉杆松脱、断裂	
	控制回路断线	
	辅助开关接触不良或切换不到位	
	分合闸线圈引线断线或烧坏	
	控制回路的电阻、电容等器件损坏	

2. 管理要求

　　随着电网发展和规模不断扩大，为使变电站安全可靠运行，保证设备处于良好的技术状态，提高设备可靠性和利用率，必须加强对 GIS 缺陷的控制管理。从另一个角度看，发现缺陷及时消除也是实施设备状态检修的基础，在全面推广状态检修制度的今天，做好缺陷管理工作将更具有现实意义。

按全过程管理思想，设备缺陷从发现、汇报、消除到验收形成一个闭环管理模式，运行人员发现设备缺陷、故障或其他异常情况时，无论消除与否，均应做好详细记录（内容有设备编号、缺陷部位、情况描述、发现人和时间），按规定进行汇报：发现危急缺陷，应立即汇报调度有关部门并通知检修人员，同时根据缺陷情况采取必要的措施加强监控；发现严重缺陷，运行负责人应会同检修人员对缺陷进行定级，安排处理消除缺陷；发现一般缺陷，应填写缺陷通知单派发到检修单位，待编入检修计划安排处理。缺陷管理应坚持"三不放过"的原则：原因未查明不放过，缺陷没有得到彻底处理不放过，同类设备、同一原因的缺陷没有采取防范措施不放过，真正做到控制源头、及时发现和及时消除。缺陷处理完，运行人员应按规定进行验收，合格后才能许可投入运行，至此完成闭环管理。

对 GIS 在运行中发生的缺陷和处理情况应定期开展分析，及时总结经验，同时应积极了解同类设备在其他地方出现的问题和采取的措施，不断提高运行维护水平。

二、故障管理

GIS 故障一般是突发事件，即使事先有事故预案也要根据具体情况灵活处理，总的原则是尽快隔离故障设备，恢复系统送电，以减少对电网运行的影响，然后是搞清楚故障原因，采取切实有效技术对策，吸取教训，避免同样的故障再次发生。如条件许可，现场可适当开展些事故调查和分析，尽快安排检修工作。

1. 故障分析方法

正确的分析方法将有助于查找故障原因，故障发生后有时现场会很乱，如防爆膜动作或壳体爆裂，损坏或溅出的残留物会四处狼藉，而建筑物内的设备发生故障，空气中还会弥漫着难闻的气味。另外由于故障，各有关单位的人员包括生产厂家都会赶到观看，出于各自关心的重点问题往往会使整个现场凌乱不堪，此时就更需要有一个统一的指挥和正确的故障分析方法。根据多年的实践，在不断完善的基础上总结出故障分析方法如下：

（1）收集资料。可分为两个方面，一是收集故障前和故障时的环境条件、气象条件、系统运行方式和用户损失情况。环境条件有温度、污秽、地质灾害等；气象条件有雨、雾、风、雷电等，目的是排除外界因素的影响。系统运行方式包括主接线和设备操作情况，以及一些系统参数如运行电压、电流、负荷等。收集用户损失主要是为了估计故障造成的社会影响。二是收集继电保护记录和故障录波图，这对确定故障点很有帮助，如根据差动保护的范围可得出发生故障的位置，同时还可从短路电流幅值上估计可能会造成的损失程度。变电站保护和监控的综合自动化程度提高后，从该系统的后台数据中还可以收集到很多有用的信息，如利用辅助开关切换点去推断断路器触头开距或出现拒动的时间。需要指出的是，不同装置记录的事件应注意对时的重要性，好在现今变电站统一都在使用 GPS 时钟系统。

（2）现场检查故障情况。首先要对故障现场外观现象有一个整体的描述，可通过照片和文字记录的方式完成，完整的记录应该从不同的角度进行反映。其次是注意对现场散落的残件进行收集，应尽可能地将其收拢到一起，之后将有可能拼凑的残件设法复原，以帮助查找可能的故障起始点。这项工作在下一步的解体检查中也要做。

（3）故障设备解体检查。确定了故障设备后，如条件许可且又能与运行设备隔离，故障设备还是应在现场打开进行初步的确认，一般只是打开检修孔检查而并不拆解部件，在人可视的范围或通过内窥镜对故障情况有一个大概的了解和照片记录，之后的精力将转到抢修上去，在该阶段尽可能快地恢复设备运行是最重要的事。真正的解体检查应将故障元件或间隔拆下后再进行，此时抢修应该已经结束，可以有更宽裕的时间进行故障分析。故障设备解体应放在用户的检修房或运回工厂进行，后者的条件要更好些而且还有专门的工装可利用。同样在解体检查过程中也要注意收集残件，如将闪络炸裂的绝缘子残片收拢再拼接起来，很有可能就看出了放电的通道或起始放电点，这对分析故障很有帮助。

（4）材料分析和检验。如今的材料分析、检验手段有很多，有些定量的检验数据可能有助于故障分析，甚至成为判断的依据。可以应用的检验方法有电气上的绝缘性能、局部放电检测及物理上的电学特性测试；机械上的有机械强度、变形及材料成分和含量的测试，有时也会采用电子显微镜观察金属断面的显微结构。此外还可以利用 X 射线检查部件内部情况，最新的手段甚至包括了 X 射线断面扫描技术，将有怀疑的部件分成 n 个断面进行扫描，试图寻找到内部细小的隐患。

（5）故障情况模拟。应用计算机软件对发生故障部件及所处的区域进行模拟计算，可以发现处于临界条件下的薄弱点，进一步对其进行分析能辅助故障分析决策，目前可以利用的手段也不少：机械应力可对构件的受力和变形进行分析；电场计算能找出场强畸变位置和最大值，若模型建立得好还可计算放电击穿的概率；温度场计算能发现局部过热点及分布的合理性；气流场计算则可评价开断过程中气体参与作用的影响。虽然市场上成熟的商业软件不少，但能结合到一个特定的产品上还是要有一定理论基础，在开展本工作时需依靠生产厂家与科研院校合作，共同去完成。

完成上述工作后，基本上对故障原因有了比较完整的认识，再结合生产厂家、用户和科研院校的经验和成果，可以形成一份最终的故障分析报告。

2. 管理要求

关于故障检修需注意的问题，本书第六章已有介绍，在此仅强调投运前的验收工作，如是整间隔或整个元件更换，与检修关系不大，若仅更换了气室内损坏的部件，则需注意这种检修方式是否真正解决了引起故障的缺陷，为可靠起见建议更换范围适当大些的部件。验收除了对进行过检修的部分按作业指导书进行检查外，对相邻的隔室或元件也需关注，特别是对降气压的气室，补气后对气体的检测和阀门的检查不要遗漏。最后须完成故障检修报告，并作为该设备的档案材料。

第二节　GIS 常见故障与原因分析

电气设备就其功能而言，出现的故障从物理学意义上可分为电、热和力的作用，电主要表现在绝缘性能和开断性能上，其中绝缘性能还分内、外绝缘的问题；热表现在回路电阻和温升上；力则有开关设备动作的机械操作、短路电流的电动力、SF_6 充气压力作用、外壳受热胀冷缩的应力等多重因素。GIS 是多个元件的组合，故障分类也可按元件去分，实际上元件上出现的问题仍可归到这三个方面，本章将两者结合在一起进行介绍。需要指出的是，对可能会引起故障的影响因素应有正确的认识，一旦出现这方面的异常现象则要给予高度重视。

一、绝缘故障

绝缘故障是 GIS 运行中常见故障类型之一，也是运行部门最不希望发生的故障。据不完全统计，绝缘故障可占到总故障的 30%，甚至还要高，也是除了 SF_6 气体泄漏和机械故障之外最多的故障类型。从表现的形式看有绝缘件的沿面闪络、SF_6 气体间隙放电，有异物引起的放电，也有绝缘件内部质量缺陷或受潮引起的放电；绝缘故障可能发生在不同的元件隔室内，可能是开关设备的隔室，也可能是互感器隔室或者是母线和套管内，套管的外绝缘也可能发生闪络放电。因此，绝缘问题是 GIS 运行可靠性的命脉，绝缘性能可靠了，GIS 的运行可靠性就有保证了。

1. 内绝缘故障

GIS 的绝缘性能关键是内绝缘，内绝缘故障可谓形式多样，既可能发生在内部结构较复杂且运行中存在机械动作的断路器、隔离/接地/快速接地开关气室，也可能发生在静止的电压/电流互感器气室、避雷器气室或母线/分支母线、套管、电缆终端气室。内部绝缘故障可能发生在绝缘件上，如盆式绝缘子、绝缘拉杆、绝缘支撑件等，也可能发生在带电体与罐体之间的气体间隙上，如回路导体、屏蔽罩、互感器绕组或避雷器阀片的引线等带电体对壳体的放电。间隙放电除了带电体的固定缺陷，如尖、角、毛刺、加工不良等原因外，主要是由异物的存在所引起的，以下将逐一进行介绍。

（1）绝缘件的沿面闪络。沿面放电主要是由 GIS 在工厂装配时或现场组装时，或是检修时在气室中留有异物，而且对绝缘件表面清理不彻底引起的。例如，在工厂装配过程中螺栓孔中产生的金属丝、屑，现场安装过程中或现场解体检修时人为带入的金属微粒。也可能由传动部件机械运动时磨损或者动静触头间的磨损产生的。这些异物在运行中由于操作振动及在电应力作用下可能会使金属异物落到绝缘件表面。金属异物的存在引起了绝缘件表面的电场畸变，当场强超过耐受要求时即会出现闪络，图 7-1 给出了几个典型的沿面闪络照片。

（2）绝缘部件缺陷或受潮引起的放电。由绝缘部件缺陷引起的放电几乎在所有的绝缘件上都发生过，图 7-2 是不同绝缘件内部缺陷的照片。究其原因有设计缺陷、材料选用不当、制造工艺问题和导体装配不当使绝缘支撑件受力过度等。例如，开关设备中用的绝缘拉杆由于金属接头部位电场设计不均匀，运行中就会引起该处产生局部放电，在长期运行电压的作用下，局部放电形成的树枝状爬电就会使绝缘拉杆整体绝缘性能不断下降，最终导致绝缘拉杆击穿放电。绝缘拉杆、盆式绝缘子或支撑绝缘子在浇注过程中造成的内部缺陷或者在运输或装配过程中受潮都会造成沿面或内部放电。

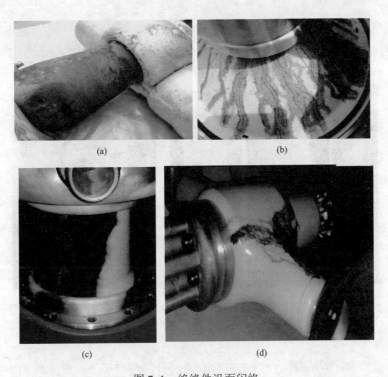

图 7-1　绝缘件沿面闪络

（a）绝缘子；（b）盆式绝缘子；（c）隔离开关支撑绝缘筒；（d）相间支撑绝缘子

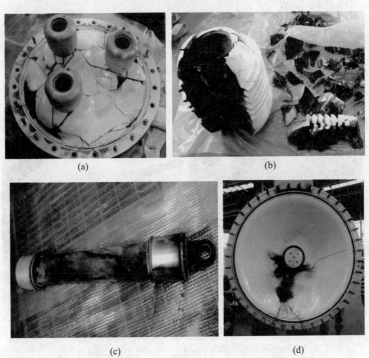

图 7-2　绝缘件内部缺陷

（a）不合格的盆式绝缘子（共箱式）；（b）母线支持绝缘子内部缺陷；

（c）拉杆内部裂纹；（d）不合格的盆式绝缘子

159

同样互感器或避雷器中的绝缘件如有设计、材料和制造装配工艺质量不良问题，或者受潮同样会导致内部绝缘故障。图7-3给出了几张典型的缺陷照片，图7-3（a）是避雷器阀片穿心绝缘管缺陷，图7-3（b）是固定屏蔽罩尼龙螺杆防松措施失效，形成悬浮电位放电。

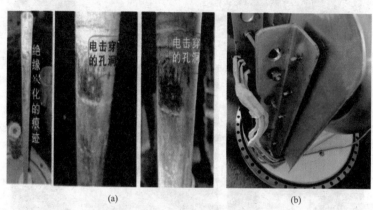

图7-3　避雷器与互感器的绝缘缺陷
（a）避雷器阀片绝缘管缺陷；（b）电压互感器铁芯固定螺栓

（3）间隙放电。间隙放电一般是由GIS某部件的带电部分出现了局部场强超过许用值引起的，究其原因，一是该处的场强设计取值过高，二是出现了悬浮电位，经常遇到的有零部件紧固出现松动或某些部件等电位措施未做好，如紧固力矩不够、缺少防松动措施，互感器铁芯接地和避雷器阀片压板处理不好都可能出现悬浮电位，由此引起局部放电，长期作用后致使局部绝缘劣化，最终形成对外壳的闪络放电，如图7-4所示。三是装配过程中工艺控制不严，装配过程中使绝缘件或屏蔽罩、导体、电阻/电容片等部件变形和损伤，动静触头的对中不良都会引起电场畸变而发生间隙放电。需要指出的是，处于高场强区域的屏蔽罩、紧固螺栓、金属抱箍或捆扎带等的边缘、尖角处理不当也会产生局部场强集中而引发放电。

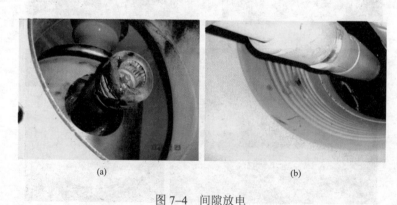

图7-4　间隙放电
（a）断路器静触头连接对壳体放电；（b）母线导体对外壳放电

（4）异物放电。运行中GIS隔室内突然出现异物将会导致在运行电压下发生放电，异物的产生可能是由于断路器或隔离开关的动静触头在动作过程中将导电杆表面划伤或摩擦下金属粉末（见图7-5），这些金属屑遗留在气室内引起放电，也可能是导电杆润滑脂或盆式绝缘子密封圈上的硅脂，由于过度涂抹而溢出造成放电。吸附剂罩因强度不足而发生破裂使吸附剂散落也会引起内部放电，图7-6是打开故障气室后看到的情况。需要说明的是，以往吸附剂罩都是采用金属材料，后来有的生产厂家改用了工程塑料，因老化、振动等原因运行一段时间后塑料发生了破裂，使吸附剂掉落。因此，吸附剂罩应使用金属材料，并且要将屏蔽罩加工过程中内部留有的残物清理干净。所有螺母和螺栓的装配也是产生金属屑丝的注意点，尤其是在罐体内装配的元件，每一个螺母或螺栓拧紧后必须进行清理并作好标记。

图7-5　隔离开关动触头导电杆上的划痕　　　图7-6　吸附剂散落引起的异物放电

2. 外绝缘对地闪络

GIS用SF_6/空气套管如果选型不当，如爬电比距、干弧距离或套管伞形等参数未能满足运行工况的要求，运行中可能会发生外绝缘的闪络放电，如污闪、雾闪或对地放电。

二、开断和关合故障

开断与关合电流是开关设备所具有的特有功能，断路器作为电力系统控制和保护设备，其最重要的性能就是具有开断和关合短路电流功能，在产品型式试验中，各种方式下开断与关合试验的目的都是考核其开合性能是否满足标准要求。隔离开关虽然没有保护功能，但还是有开合电流的要求，如开合容性或感性小电流，包括母线充电电流和母线转换电流。接地开关如作为检修接地用并无开合电流要求，但快速接地开关则要求具有关合短路电流和开合感应电流的能力，这是敞开式空气绝缘接地开关不具备的。实际运行中，断路器如发生开合故障往往会造成灭弧室烧损，甚至会引起罐体炸裂，还可能引起系统故障。隔离开关/接地/快速接地开关如出现开合问题，轻则扩大操作范围，严重的话也会引起闪络放电乃至系统故障。

1. 断路器的开合故障

GIS中SF_6断路器开合故障主要有两种情况，一种是断路器绝缘拉杆松脱、传动部件断裂、操动机构故障使断路器合分闸动作不到位引发的开合故障，严重时会导致断路器爆炸。另一种是断路器在开合空载线路，特别是开合两端带并联高抗的空载线路，以及开合电抗器时，由于发生的重击穿或电弧无法熄灭，造成开断故障。特殊环境下有时也会发生开断故障，如在雷暴或雾季污秽闪络，断路器在开断过程中遭受重复雷击或污闪而导致开断失败。

2. 隔离开关分合闸不到位

操动机构或机械传动系统故障将会导致 GIS 中的隔离开关分合闸不到位，触头间的电弧将持续燃烧，以致引起对外壳的放电事故。若是母线隔离开关，还会造成母线非计划停运。

三、导电回路过热

按照焦耳定律，电流会产生热且与回路电阻值成正比关系，型式试验验证了回路电阻在设计规定的范围内，电流产生的温升是可以接受的。在实际运行中，影响导电回路的因素很多，如果由于接触不良而又不能及时发现或处理不好就会引起导电回路过热，过热故障的部位可能是 GIS 内的主回路或者外部出线端子连接上。

1. GIS 内导电回路的过热

GIS 内主回路中有不同方式的电气连接以实现元件之间、间隔之间及与母线之间的连接而组成导电回路。这些连接有固定式插接的，如母线导体间的连接或与变压器/电缆终端的连接；也有可动式插接的，如断路器、隔离开关和接地开关的动静触头之间。

常见的固定式插接，如母线部分，发生过热的主要原因可能是装配紧固力矩不足或振动防松措施不好，也可能是动触头插入行程不够或动静触头的压紧力不够，触头对中不好也可能会导致过热。图 7-7 给出了几张典型的故障照片。

(a)　　　　　　　　　　　(b)　　　　　　　　　　(c)

图 7-7　导电回路中出现的发热问题

（a）隔离开关合闸未到位触指烧熔；（b）母线导体接触不好对比（下面的烧损）；
（c）运输振动造成的触头磨损

回路原因中还有一个重要的因素需考虑，即某些产品结构设计中对运输振动问题考虑不周，特别是导体采用插接式连接的结构时，用端部止钉或卡圈（挡圈）固定并不能适应运输振动，可能会造成插入部分镀银层过渡磨损露出底材，现场安装时回路电阻不能达标。

2. 出线端子过热

SF_6/空气套管的接线端子上如出现过热可能会引起接线端子损坏，而导致载流故障，从而危及开关设备和电网的安全运行。通常接线端子与导线的线夹采用螺栓连接，引起过热的原因可能是连接螺栓松动或铜接线端子与铝线夹之间发生电化学腐蚀，即铜铝过渡问题没处理好。此外某些额定电流大于 5000A 的设备，为解决温升问题在出线套管上加装了散热器或在端部采取了一些散热措施，该部件也可能发生过热。图 7-8 给出了这几种情况的结构图。

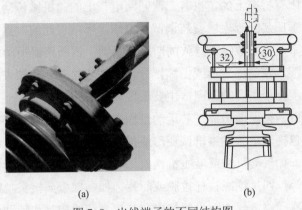

(a) (b)

图 7-8 出线端子的不同结构图

（a）SF$_6$/空气套管与设备线夹连接；（b）SF$_6$/空气套管端部的散热器示意图

从微观上看，接线端子与连接导线线夹接触并不能做到理想的平面接触，可以认为是 n 个点接触，正常情况下，接线端子与连接导线线夹的接触电阻很小，可以满足长期通过额定电流时的发热要求，不会发生过热。但是如果出现表 7-2 中所列的问题，则可能会出现接线端子异常过热现象。

表 7-2   接线端子接触电阻影响因素

影响接触电阻的因素	现 象	原 因
接触面的电阻增加	镀银层脱落	加工质量
	接触面电弧烧蚀	（1）装配工艺质量造成部件损坏； （2）故障电流
接触面有污垢或氧化	接触面污垢	长期暴露在空气中或表面结垢
	镀银层或接触面氧化、腐蚀	（1）温、湿度或特殊环境的影响； （2）电化学腐蚀
连接紧固问题	紧固螺栓松动	（1）安装工艺质量； （2）防松措施失效； （3）外力引起的振动

从图 7-8（b）中的结构可看出，如与散热器的连接有问题也可能是一个隐患。

四、开关设备的拒动和误动

开关设备包括断路器、隔离开关和接地开关，一旦出现拒动或误动，特别是断路器的拒、误动，可能会对系统的安全运行造成巨大影响；隔离开关和接地开关的拒、误动，同样也可能导致 GIS 的故障。

1. 断路器的拒动与误动

对断路器而言，拒动中的拒分要比拒合造成的后果严重，因为在正常工况下，如果断路器拒分可能只会影响系统运行方式；如果在短路故障情况下，由于断路器的拒动而无法开断故障会引起越级跳闸，扩大事故范围，这不仅会导致更大面积的停电，也可能因需要上级保护跳闸使短路电流持续时间延长而造成设备损坏。

造成拒动的原因有机械上的，也有二次回路电气上的。机械传动系统原因主要是由零部件加工制造与工厂装配、现场安装调试及检修等环节引起的。据国内外的统计，因操动机构及其传动系统机械故障而导致的断路器拒动，占断路器拒动故障的65%以上。具体表现是机构卡涩，零部件变形或损坏，分合闸铁芯松动，脱扣失灵，轴销松动、断裂等。其中机构卡涩是最主要的原因，主要表现在以下四个方面：一是分（合）闸线圈铁芯配合精度差，或锈蚀原因造成铁芯运动过程中卡滞，脱扣器无法打开；二是机构脱扣器及传动部件（包括轴承）发生机械变形或损坏，调整不当也会引起拒动或误动；三是操动机构的问题，如气动机构或液压机构阀体中的阀杆等部件变形或锈蚀，弹簧机构的缓冲器性能变化等；四是绝缘拉杆拉脱或断裂，如端部金属接头拉断或连接处连扳轴销断裂或松脱。二次回路电气原因主要集中在二次系统的控制和辅助回路上，具体表现有分合闸线圈烧毁，辅助开关故障，二次接线故障，分闸回路电阻烧毁，操作电源故障，闭锁继电器故障等。分合闸线圈烧毁一般是由机械故障引起线圈长时间带电所致，辅助开关及闭锁继电器故障虽表现为二次故障，但实际多为接点转换不灵或没有切换等机械原因引起，二次接线故障则是由二次线接触不良、断线或端子松动引起。

断路器误动是指断路器在没有得到操作指令时发生分闸或合闸动作。例如，"失压慢分"将会导致开断失败乃至灭弧室发生爆炸的恶果；运行中断路器突然误动分闸，将会导致线路失电或系统解列；如果分相操作的断路器发生单相误分闸，还会引起系统非全相运行，甚至会引起发电机或变压器损坏。误动也可从机械和电气两方面去分析：机械原因多为操动机构机械故障引起，机构零部件质量差或出厂装配控制不严，如液压机构由于清洁度差会导致液压机构分闸一级阀和逆止阀密封不良，从而造成断路器强跳或者误闭锁；弹簧操动机构的分、合闸锁扣调整不当，锁扣不牢，当受到外部振动时可能会自行脱扣造成误动。电气原因主要是二次回路的问题，此外直流电源系统出现两点接地、因操动机构分闸线圈最低动作电压不满足低于30%额定操作电压不能动作的要求，受外界干扰也可能会发生误动。

2. 隔离开关和接地开关的拒动与误动

由于不需要开断回路电流，隔离开关和接地开关的拒动对系统运行影响不大，但误动的情况就不一样了，特别是在与断路器电气闭锁失效的极端情况下，任何形式的误动都会酿成大祸，这也是当今变电站综合自动化水平提高后所要考虑设防的新问题。隔离开关和接地开关发生拒动与误动的主要原因仍然是机械和电气两个方面。

隔离开关和接地开关因机械原因造成拒动主要表现在以下几方面：机构卡涩是最常

见也是造成拒动的主要原因，卡涩可能是机构进水受潮，零部件锈蚀，图7-9是锈蚀的情况；也可能是机构内连接螺栓松动，轴销脱落，原因是工厂装配过程时螺栓未按要求紧固或挡圈安装不当，经过运输或多次操作后松脱；再就是拐臂或关节轴承开裂（见图7-10），这里有材料或加工工艺问题，如用铸铝件替代锻造件将使机械强度降低，或者焊接工艺不佳。

图7-9　机构、连接机构进水锈蚀

(a)　　　　　　　　　　　　　　　　(b)

图7-10　隔离开关拐臂与关节轴承断裂

(a) 正常情况；(b) 断裂

　　GIS中隔离开关或接地开关轴承密封不良也会引起拒动，如轴封处所用的密封脂在低温下结冰或在高温下流失会造成轴封卡涩，导致开关拒动，密封脂牌号用错会造成该处的密封圈与密封脂发生化学反应，造成密封圈与钢制轴封黏连使轴封失效。触头装配对中不好，可能会造成绝缘拉杆端部金属接头连接处的轴销断裂或松脱，使得触头无法动作。三相机械联动的隔离开关或接地开关，相间传动连杆如果发生锈蚀，电动弹簧机构如果缓冲和限位的调整不当，也可能造成分合闸不到位的现象。GIS中隔离开关的动静触头如果对中不良，将会导致触头、拐臂等零部件变形、损坏；内部螺钉、轴销、挡圈、限位螺钉等装配不当，将会导致部件松动或脱落，最后导致拒动。

　　引起隔离开关和接地开关拒动的电气原因主要有分合闸接触器故障、辅助开关或限位开关故障、二次接线故障、操作电源故障、电机故障等。分合闸接触器故障多数是由受潮锈蚀等造成接触器接触不良或卡涩引起，而控制电源过压或短路也会造成接触器损坏。辅助开关故障虽表现为二次故障，实际上大部分由于接点转换不灵或没有切换等机械原因引起；二次接线故障基本是由于二次线接触不良、断线或端子松动引起。电机故障则可能是机构卡涩引起电机堵转、过载发热损坏，也可能是由于电机电源异常，如电压过高或过低、电源短路等引起。

引起隔离开关和接地开关误动的主要原因是二次控制回路故障、闭锁逻辑回路故障或二次控制元器件故障。

五、部件变形和损坏

GIS 的金属外壳是一个压力容器，由此引出了机械变形与破坏强度的问题。但需要指出的是因产品的特殊性，GIS 的外壳并不能完全按压力容器标准去要求。GIS 的部件除了承受气体压力外，基础的沉降和位移、环境温度变化，以及端子拉动、电动力和分合闸的操作力等均是对机械性能的考验，同时还要兼顾可能会遇到的风力和地震等的影响。GIS 部件的变形或损坏主要发生在壳体、支架与底架，以及伸缩节上。

1. 壳体质量问题

GIS 壳体材料为铝合金或钢，从制造工艺上可分为铝合金铸造和铝合金或钢板材焊接，因有充气承压和耐受短路电流烧蚀时间的要求，壳体的厚度应满足技术条件的规定，各生产厂家出于安全的考虑均对厚度有一个下限值的控制。在壳体制造过程中可能存在铸件砂眼缺陷或焊缝缺陷，如图 7-11 所示。虽然这种缺陷并不一定会影响到壳体的强度，若未在工厂中发现，设备投运后将会出现漏气且会成为很难处理的问题。铸件砂眼是浇注工艺问题，焊缝缺陷则是缺焊或氩弧焊工艺问题，当板材厚度较大时采取单面焊接可能会发生焊缝缺陷。

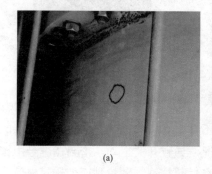

(a)　　　　　　　　　　　　　　　(b)

图 7-11　壳体缺陷

（a）砂眼漏气；（b）焊缝漏气

防爆膜有时会发生自爆，其后果是直接造成该气室大排气，防爆膜自爆原因除了制造质量外，材料和预压的十字痕及装配质量均会影响防爆膜可靠性。图 7-12 是误动作后的残件，检查发现因安装未放正有压痕，进一步做试验表明该压痕会降低破坏压力值。防爆膜不要放在气室的上部，要防止户外雨水积聚后表面锈蚀改变动作值。

2. 支架与底架的变形损坏

支架与底架在运行中曾发生过焊接开裂，连接螺栓发热，以及支架变形损坏等现象。焊缝开裂可能是焊接质量问题，也可能是壳体冷热变形的应力作用，连接螺栓发热的原因可能是连接处的绝缘垫、绝缘板安装不当或未安装，也可能是绝缘材料老化，绝缘垫、绝缘板开裂损坏。图 7-13 是支架连接螺栓装配结构示意图，在绝缘套、绝缘圈安装良好的情况下，螺栓与 GIS 外壳是绝缘的，螺钉不会发热。当绝缘套或绝缘圈安装不当、损坏或未安装时，螺栓与 GIS 外壳连通的同时也与支架连通，这样在螺栓上就会流过电流，从而造成螺栓发热。

图 7-12 破损的防爆膜

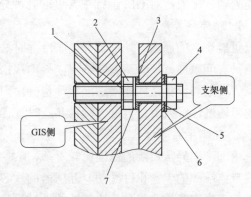

图 7-13 支架连接螺栓装配结构
1、5、7—垫圈；2—螺母；3—绝缘套；4—螺母；6—绝缘垫

支架变形损坏多发生在母线支架上，这与伸缩节的设计有关。在长分支母线或长主母线结构中，为适应产品热胀冷缩变化需设置一定数量的伸缩节，支撑母线的支架结构为滑动支架与固定支架，当固定支架强度不足或伸缩节的数量和伸缩补偿量不足以补偿母线热胀冷缩变形时，就会导致固定支架变形或损坏。图 7-14 是母线支架螺栓倾斜和焊缝开裂的照片。

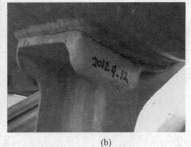

(a) (b)

图 7-14 支架变形的缺陷
（a）变形之一；（b）变形之二

3. 伸缩节变形损坏

伸缩节又称金属波纹管，是一种具有弹性和密封特性的连接部件，它能在外力或力矩作用下产生轴向、径向及复合位移，在 GIS 中广泛应用于补偿安装误差和由基础沉降及温度变化引起的变形，因而就有安装用伸缩节和满足运行中可能产生的轴向位移、径向位移及复合位移补偿用的伸缩节。伸缩节的选用及补偿的范围由生产厂家决定，但是应该征得运行单位的同意。如果伸缩节质量不佳或伸缩节的数量和总的伸缩量不能满足运行中设备伸缩量的要求，则设备的伸缩力会使伸缩节发生变形或者损坏，从而导致漏气或放电故障。

六、异常声响

GIS 在运行中出现的异常声响可分为外部和内部两种情况，产生声响的原因很多，需区别对待，即使是内部有异常声响也要进行分析，不能笼统地定性为紧急缺陷并安排停电处理，下面是对 GIS 运行中常见的几种异常声响进行的分析。

1. 外部异常声响

可能产生的原因有伸缩节在热胀冷缩时法兰孔与固定螺杆之间的摩擦声，这种异常声响具有间歇性、声音清脆等特点；接地线松动引起异响，声音与设备运行同频率且较沉闷；支架与设备之间连接螺栓松动也会出声，其表现同接地线松动情况。这几种异常声响可通过运行人员检查进行确认并及时进行处理。

2. 内部异常声响

内部产出异常声响的原因比较复杂，有零部件连接松动产生的声响，如屏蔽罩松动、母线导体端部的卡套止钉松动、互感器的铁芯或绕组夹件松动、避雷器阀片松动等，这种异常声响声音较清脆且是连续性的，如果是互感器或避雷器间隔有异常，通过声音辨别很容易定位。另外还有内部异物引起放电的声响，由于放电能量并不大，这种异常声响较清脆且具有一定偶然性。

工程中还出现过导体与外壳发生的共振，导体通流后产生的电动力正好接近外壳的固有频率，从而形成了谐振。这种异常声响声音低沉，同时伴有振动，如用示波器测量很容易区分出来，是 100Hz 的频率。这种振动若长期存在可能会造成设备内部或外部零件松动。

七、漏气和水分超标

GIS 依靠充入的 SF_6 气体维持其绝缘水平和保证开关设备的开断能力，SF_6 气体系统包括密度继电器、阀门或自封接头、气管和 SF_6 气体。运行中遇到的异常情况有气体压力降低，湿度超标，密度继电器失灵。压力降低说明设备出现了 SF_6 气体泄漏，其后果会使 GIS 的绝缘强度和灭弧能力下降，直接威胁到设备安全运行。运行中如发生低气压报警，运行人员都会将其视为紧急缺陷上报，检修人员必须在最短时间内赶赴现场进行处理。新投运设备的零部件所含有的水分释放在运行一段时间后即趋于稳定，也就是设备在投运后的一段时间内，如几个月内，其 SF_6 的含水量可能会有所增长，但是几个月后，如半年后，SF_6 的含水量就会趋于稳定。如果在以后的运行中湿度有明显的增长并超过规定，应该查找原因。

漏气几乎在任何密封部位都有可能发生，通常首先是检查各个密封面，有静密封，如断路器、隔离开关、接地开关、互感器、避雷器、母线、套管等装配对接的密封面；有动密封面，如断路器、隔离开关密度继电器的接头、配管及阀门的密封、分合闸传动轴与本体间的密封。SF_6 气体湿度超标对设备安全运行的危害是多方面的，当 SF_6 气体中的水分超过一定限度时，温度的变化会使 SF_6 中的水分在绝缘子表面凝露，使绝缘子的绝缘强度下降，甚至会发生表面闪络放电，造成对地放电事故；水分子与某些电弧分解物发生反应会产生腐蚀性极强的酸性气体，从而加速对零部件的腐蚀。

运行中水分超标主要有以下两方面原因：

（1）空气中的水分从密封部位进入。随运行时间增长，密封材料老化导致有漏气发生。气室内的水分含量很少，水蒸气压力极低，而外界空气中的水蒸气压力较高（特别是在雨季），由于水分子的直径比 SF_6 分子直径小，即使在泄漏微小的情况下，水分子仍能通过水蒸气压力比交换进入设备，造成设备的湿度增加，这种湿度增加随时间推移呈递增趋势。

（2）内部元件中残留的水分在运行中析出。绝缘构件和机械部件在制造过程中难免会含有一定的水分，如果这些部件在组装进罐之前没有经过充分的干燥处理，就会有少量水分残留。设备投入运行后，这些部件内的水分会慢慢释放出来，气体中的水分就会不断增加，这就可能导致水分超标，这种情况下的水分超标在现场将很难处理。为了杜绝这种情况的发生，GIS 在出厂前必须进行水分检测，不合格不能出厂。

第三节 常 见 故 障 处 理

本章第二节介绍了 GIS 常见的故障，对用户而言，无论故障发现在安装调试时还是运行中，及时处理故障以保证设备安全可靠运行都是最重要的目标。本节将介绍一些常见的故障处理方法和要求，具体的故障处理实施方案和措施应该结合设备实际情况（如结构、接线方式等）、生产厂家要求、用户经验和传统习惯综合考虑，目的是恢复设备性能。

一、内部绝缘故障处理

内部绝缘故障通常伴随着声音、绝缘气体有分解等现象出现，利用这些现象可对故障点进行判断。对未发生闪络击穿的设备，首先应确定内部故障发生的位置，一般可使用超声波、超高频局部放电检测手段对怀疑出现故障的气室进行局部放电检测，同时取气样分析气体成分的变化，有时需要连续进行检测分析，视其变化增量的梯度决定是否做进一步检查。

如设备在进行绝缘试验时出现故障，在试验范围内通过放电声音可大致判断故障位置，这也是目前强调的绝缘试验中每个气室均要求加装故障定位装置的来由，因为有时 GIS 绝缘试验的范围很大，仅凭人在现场听声音并不能确定。

运行过程中发生内部绝缘故障后，可通过故障录波图大致判断故障位置，同时再检测绝缘气体分解后的特征气体含量，以准确判断故障气室的位置。确定内部绝缘故障位置后，需要对 GIS 故障位置进行解体检查和处理。内部绝缘故障虽然因发生的部位不同而影响有差异，但对 GIS 而言是一重大事故，处理时原则上相关受损部件均须更换，

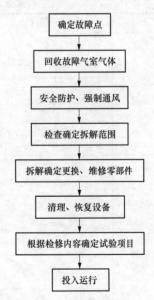

图 7-15 内部故障处理流程

必要时应返厂检查和检修，同时应认真分析故障原因，防止今后再发生同类故障。内部故障处理的一般流程如图 7-15 所示，表 7-3 列出了内部绝缘故障的处理方法。

表 7–3　　　　　　　　　　　　内部绝缘故障处理方法

分类	故障现象	原因分析	处 理 方 法
金属异物	壳体电弧灼伤	安装工艺控制不良，异物混入气室内部，操作时摩擦产生金属异物	（1）轻微灼伤打磨清理后可重新使用；（2）严重灼伤，危及压力容器安全的应更换壳体
	触头、导体电弧灼伤		轻微灼伤且未伤及镀银面的，打磨、清理后重新使用；灼伤严重的、镀银面损伤的，应更换触头、导体
	屏蔽电弧灼伤		轻微灼伤打磨、清理后重新使用；严重灼伤，应更换屏蔽
绝缘件放电	绝缘件表面污痕	绝缘件不清洁，绝缘件内存在气孔等缺陷	百洁布、丙酮清理污痕后重新使用
	绝缘件表面污损		更换绝缘件
	绝缘拉杆烧损、断裂等	绝缘件有设计缺陷或工艺不良	更换绝缘件
悬浮电位	屏蔽、触头、导体烧熔、烧损	内部零部件松动	更换烧熔、烧损零部件

二、开断与关合故障处理

开断与关合故障主要发生在断路器上，对 GIS 而言开断与关合故障是一重大事故。对故障处理的原则同上，灭弧室内的部件均应更换。出于抢修要求和确保检修质量，越来越多的用户倾向于将整个故障的断路器间隔更换掉，拆下的设备运回工厂仔细分析原因后再安排修复，如此检修质量也有保证。表 7–4 列出了断路器开断或关合故障的处理方法。

表 7–4　　　　　　　　　断路器开断与关合常见故障处理方法

分类	常见故障现象	原因分析	处 理 方 法
关合故障	合闸不到位导致开关故障（电流不平衡，绝缘故障）	连接机构松动或变位，操动机构合闸操作力变化	检查产品接触行程，断路器回路电阻，检查连接机构，检查断路器传动部分阻力是否异常，检查操动机构
	合闸电阻故障	（1）预接入时间不合格；（2）合闸电阻值不合格；（3）辅助机构有缺陷	检查合闸电阻阻值，检查合闸电阻行程，合闸电阻提前接入时间
	操动机构正常动作，断路器本体未合闸	断路器传动部件损坏	连接机构轴销脱落，连板断裂，绝缘拉杆接头脱落
开断故障	断路器开断失败	自然因素，开断过程遭遇雷击	调查雷击过程，重新设置避雷措施
		系统特殊工况，如直流分量大，电流不过零	对系统各种特殊工况进行计算，调整断路器合–分操作时间间隔
		灭弧室装配不良，漏装零件	检查灭弧室气缸装配质量，测量回路电阻，检查触头对中情况（如弹跳问题等）
		灭弧室零部件损毁	检查、更换损毁零部件
		并联电容器故障	检查并联电容器是否漏油，测量并联电容器介损和电容量
	操动机构正常动作，断路器本体未动，或分闸不到位	断路器传动部件损坏	检查机构轴销是否脱落，拐臂是否变形断裂，检查绝缘拉杆接头是否松脱
	断口重击穿	开断容性电流能力不足，SF$_6$断路器在开断空载线路时发生重击穿	检修并仔细清理灭弧室，烧损严重的更换灭弧室，分析过电压水平

三、过热故障处理

1. 外部接线端子过热处理

接线端子过热缺陷确定后，可根据红外测温结果和当时的运行电流决定是否要对过热接线端子进行检修处理。表 7-5 列出了常见接线端子过热的处理方法。

表 7-5　　　　　　　　　　　常见接线端子过热处理方法

故障现象	原因分析	处 理 方 法
镀层脱落	电镀工艺控制不良	清洗镀层，按技术要求重新进行镀层处理
接触面电弧烧蚀	端子平面度不够造成端子接触不良	应更换接线端子
	紧固螺栓松动	清理烧蚀表面，重新进行镀层处理，按工艺力矩要求重新紧固连接螺栓，排除振动源。烧蚀严重的更换接线端子
镀层或接触面氧化腐蚀	电镀工艺控制不良，运行环境酸碱度高	对氧化层或腐蚀层进行打磨、清理。镀层腐蚀严重的，清洗镀层后重新进行镀层处理
焊接裂纹	焊接质量问题	补焊或更换接线端子

2. 内部主回路过热处理

运行中 GIS 内主回路过热可通过主回路电阻值和三相电流的不均匀程度进行识别，通常由于系统原因，交流三相回路的电流不会一致，这与回路阻抗、负荷、运行方式等因素有关，实际上也是允许的，但出现该现象应该不是持久的，如出现持续且显著的三相电流差则需提高警惕。为避免误判，三相电流差最好是在负荷电流比较大的工况下比较，因现在选用设备时选择的额定电流都比较大，其电流互感器变比也随之变大，若负荷电流小意味着在测量精度不高的范围。图 7-7（a）即是一个典型案例，发现不平衡电流持续一个月，分析设备运行情况后决定紧急停运，检测回路电阻显示隔离开关有问题，打开气室后看到动触头合闸未到位，静触指有数片已烧熔。

判断安装或检修后的回路电阻问题相对容易，通过分段检测电阻即可将有问题的某段找到，因不涉及设备停电问题，应打开气室检查、处理。发热引起的后果对设备安全运行至关重要，对此一定要给予高度重视。

四、拒动和误动故障处理

出现拒、误动故障将会使开关设备无法实现其功能，而且大多数情况下可能会发展成事故，因此及早发现和彻底处理将是非常重要的工作。引起拒、误动故障的因素很多，有机械上的也有电气上的，机械原因又根据开关设备配用不同的操动机构而异，以下将分别进行介绍。

1. 断路器拒动与误动的处理

断路器的故障由操动机构的机械问题和二次控制回路的电气问题引起，不同的操动机构由于结构、原理差异而原因又各不相同。处理时原则上先排查电气回路，再排查外部的机械传动部分和操动机构，最后检查开关内部机械原因。下面按机构类型分别介绍断路器拒、误动故障原因及处理。

（1）配用弹簧操动机构的断路器。配用弹簧机构的断路器拒、误动故障主要是由控制回路接线松动断线、辅助开关转换不到位、分合闸线圈烧毁、机械传动部件和脱扣器变形移位、缓冲器问题，以及绝缘拉杆松脱等原因造成的。常见故障处理方法见表 7-6。

表 7-6　　　　　　　　　　　　弹簧操动机构常见故障处理方法

分类	常见故障现象	原因分析	处理方法
拒动	操动机构未动	电气控制系统不良	检查控制线是否完好，接线端子是否连接紧固可靠，合闸或分闸线圈是否完好，辅助开关接点是否转换到位
		合闸弹簧未储能	检查储能电机电源是否接通，电机保护继电器是否动作，电机工作是否正常
		缓冲器或限位调整不当	（1）检查、调整弹簧、缓冲器和限位装置的尺寸； （2）更换漏油的缓冲器
		线圈动作电压低	检查电源电压是否正常，电源控制回路接线端子是否松动，辅助开关是否转换到位接触良好，是否存在寄生回路分压
		电磁铁行程调整不当，铁芯运动卡涩	检查合闸或分闸电磁铁行程是否合格，铁芯是否变形、锈蚀
	合闸或分闸线圈完好，机构合闸或分闸电磁铁未动	SF$_6$气体压力不足，SF$_6$气体密度计闭锁节点动作，合闸或分闸回路不通	补气到额定压力，查找泄漏点
	合闸或分闸线圈烧毁	合闸或分闸线圈老化、线圈匝间短路	检查线圈是否导通，更换烧毁线圈。检查铁芯是否卡涩，脱扣器是否移位变形
	机构脱扣系统未动	电磁铁撞击行程不足，分合闸保持掣子锁扣量过大，分闸脱扣器变形	检查电磁铁撞击行程是否合适，保持掣子锁扣量是否正常，脱扣器是否变形
	操动机构正常动作，断路器本体未合闸或分闸	机械传动部件损坏	检查机构轴销是否断裂、脱落，绝缘拉杆接头是否松脱
误动	合后即分，无信号分闸	合闸保持掣子锁扣量不稳定	检查电磁铁撞击行程，或检查合闸保持掣子，同时检查分合弹簧的预压缩量
		二次回路混线，直流接地，保护回路故障	检查二次回路接线，查找并排除直流接地点
		分闸电磁铁动作电压太低	调整电磁铁行程

（2）配用液压操动机构的断路器。配用液压操动机构的断路器拒、误动故障主要有液压机构阀系统渗漏油、阀针变形、压力开关卡涩、缓冲器问题等，储能系统因有传统的氮气储能和弹簧储能两种型式，存在着氮气筒泄漏或碟簧尺寸变化的问题。控制回路存在接线松动断线、辅助开关转换不到位、分合闸线圈烧毁及绝缘拉杆松脱等问题。处理问题时的原则是先排查电气原因，再排查外部机械原因，最后排查断路器内部机械原因。常见故障处理方法见表 7-7。

表 7-7　　　　　　　　　　　液压操动机构常见故障处理方法

分类	常见故障现象	原因分析	处 理 方 法
拒动	操动机构未动，合闸或分闸线圈完好	电气控制系统不良	检查控制线是否完好，接线端子是否连接紧固可靠，合闸或分闸线圈是否完好，辅助开关接点是否转换到位
		SF_6气体压力不足，SF_6气体密度计闭锁节点动作，合闸或分闸回路不通	补气到额定压力，查找泄漏点
		低油压合闸闭锁	检查油泵，查找阀系统泄漏原因并消除，重新建压
		线圈两端动作电压低	检查电源电压是否正常，电源控制回路接线端子是否松动，辅助开关是否转换到位接触良好，是否存在寄生回路分压
		合闸或分闸铁芯卡涩，动作不灵活	调整合闸电磁铁行程，检查合闸或分闸线圈铁芯是否锈蚀，阀针是否变形
	合闸或分闸线圈烧毁	合闸或分闸线圈老化，线圈匝间短路	检查线圈是否导通，更换烧毁线圈。检查铁芯是否卡涩，脱扣器是否移位变形
	操动机构动作不正常，断路器本体未合闸或分闸	分闸一级阀严重泄漏造成自保持回路无法自保，合闸二级阀打不开或打开距离不足	解体检查阀体密封，更换一级阀或二级阀
		合闸一级阀未复位，高压油严重泄漏	检查一级阀
	操动机构正常动作，断路器本体未合闸或分闸	机械传动部件损坏	检查机构轴销是否断裂、脱落，绝缘拉杆接头是否松脱
误动	合后即分，无信号分闸	二次回路混线，直流接地，保护回路故障	检查二次回路接线，查找并排除直流接地点
		分闸电磁铁动作电压太低	调整电磁铁行程
		节流孔堵塞，合闸保持腔内无高压油补充。逆止阀或分闸一级阀严重泄漏	检查油路和节流孔使之正常，更换止回阀或一级阀

（3）配用气动弹簧操动机构的断路器。虽然现在用户已不太选用配用气动弹簧操动机构的断路器，但是为使已有该设备在运行的用户了解故障处理要求，本书还是将这部分内容收纳进来。气动弹簧操动机构的工作原理是以压缩空气做动力实现断路器分闸操作，同时辅以合闸弹簧储能，利用弹簧实现断路器合闸。配用这种机构的断路器拒、误动故障主要有机构阀系统渗漏、阀针或阀线问题，压力开关卡涩、缓冲器问题，压缩空气储能系统有漏气、管路结冰、油水分离器和过滤器问题，空气压缩机问题等，控制回路接线松动断线、辅助开关转换不到位、分合闸线圈烧毁及绝缘拉杆松脱等原因亦同样存在。常见故障处理方法见表 7-8。

173

表 7–8 　　　　　　　　气动弹簧操动机构常见故障处理方法

分类	常见故障现象	原因分析	处 理 方 法
拒动	操动机构未动,合闸或分闸线圈完好	电气控制系统不良	检查控制线是否完好,接线端子是否连接紧固可靠,合闸或分闸线圈是否完好,辅助开关接点是否转换到位
		SF$_6$气体压力不足,SF$_6$气体密度计闭锁节点动作,合闸或分闸回路不通	补气到额定压力,查找泄漏点
		线圈两端动作电压低	检查电源电压是否正常,电源控制回路接线端子是否松动,辅助开关是否转换到位接触良好,是否存在寄生回路分压
		合闸或分闸铁芯卡涩,动作不灵活	调整合闸电磁铁行程,检查合闸或分闸线圈铁芯是否锈蚀、变形
		低气压闭锁分闸	检查空压机,消除空气系统泄漏,重新建压
		储气罐排水不良,控制阀结冰	检查并清洁排水孔,去除结冰,有必要加装保温措施
	合闸或分闸线圈烧毁	合闸或分闸线圈老化,线圈匝间短路	检查线圈是否导通,更换烧毁线圈。检查铁芯是否卡涩,脱扣器是否移位变形
	操动机构动作不正常,断路器本体未合闸或分闸	分闸一级阀严重泄漏造成自保持回路无法自保,合闸二级阀打不开或打开距离不足	解体检查阀体密封,更换一级阀或二级阀
		合闸一级阀未复位,高压油严重泄漏	检查一级阀
	操动机构正常动作,断路器本体未合闸或分闸	机械传动部件损坏	检查机构轴销是否断裂、脱落,绝缘拉杆接头是否松脱
误动	合后即分,无信号分闸	二次回路混线,直流接地,保护回路故障	检查二次回路接线,查找并排除直流接地点
		分闸电磁铁动作电压太低	调整电磁铁行程
		分闸保持掣子未保持,分闸脱扣器变位	检查油路和节流孔使之正常,更换止回阀或一级阀

（4）关于操动机构漏油的处理。无论断路器配用何种操动机构,均会涉及本问题,液压操动机构是以液压油作为能量传递介质,在阀系统控制下储存的能量转化为活塞杆动能,驱动开关进行分、合闸及重合闸运动。由于断路器的运动特性要求动作时间短、速度快,液压操动系统的工作压力取值很高。受到液压操动机构密封结构设计、材质、阀系统加工工艺、密封圈质量、装配质量、液压油质及油路清洁度等因素的影响,操动机构难免会出现渗漏油的问题。虽然弹簧操动机构是以弹簧作为储能元件的机械式操动机构,气动操动机构是以压缩空气做动力进行分闸操作,辅以合闸弹簧作为合闸储能元件的操动机构,但这些操动机构中部分要应用到油缓冲器,故也会出现渗漏油现象。

液压操动机构出现渗漏油故障,一般可分为内漏和外漏。机构内漏表现为断路器在无操作情况下油泵频繁启动，一天启动次数超过规定值，最多的可达数百次，但每次启动仅数秒时间；机构外漏表现为可见油渗漏点。进一步可区分，如仅在分闸位置油泵频繁启动、合闸位置不启动或相反，即仅在一种条件下油泵启动，一般是控制模块密封受损出现内漏。如果在分、合闸位置油泵都频繁启动，则可能是储能模块密封受损出现内漏。机构外漏主要发生在连接的密封面上，如控制模块、储能模块与工作缸连接管密封件受损、电磁阀与阀体连接处密封件受损；储能模块低压侧密封件受损；油标、封头、阀门的密封圈或密封垫受损及老式机构中大量使用的外连接油管。

弹簧或气动操动机构中缓冲器的主要作用是调整断路器分合闸到位时的速度，减少分合闸动作对操动机构和本体的冲击。尽管缓冲器的工作原理不一样，但都使用了适量的、黏性合格的缓冲器油作为能量传递和吸收介质。造成缓冲器漏油的原因有密封件受损、缓冲器活塞杆划伤和缓冲器缸体砂眼等。操动机构漏油的故障处理要求见表7-9。

表7-9　　　　　　　　　　操动机构漏油处理方法

分类	常见故障现象	原 因 分 析	处 理 方 法
液压操动机构内漏	液压操动机构频繁打压	分闸位置频繁打压、合闸位置不打压，或合闸位置频繁打压、分闸位置不打压，可能是控制模块密封受损出现内漏	(1) 进一步检查确认；(2) 更换控制阀模块
		分合闸位置都频繁打压，可能是储能器模块密封受损出现内漏	(1) 进一步检查确认；(2) 更换储能器模块
液压操动机构外漏	机构表面出现液压油	控制模块、储能模块与工作缸连接管密封件受损，电磁阀与阀体连接处密封件受损	更换连接管密封件
		储能模块低压侧密封件受损	更换控制模块或储能模块
		油标、堵头、阀门处密封圈、密封垫漏油	更换密封圈、密封垫
弹簧、气动、电动操动机构缓冲器漏油	机构外部出现油渍	密封件受损	更换密封胶
		缓冲器活塞杆划伤	更换缓冲器
		缓冲器缸体砂眼	更换缓冲器

2. 隔离开关和接地开关拒动与误动的处理

隔离开关拒动与误动的故障表现主要有操动机构、开关内部可动部件的机械问题和二次回路的电气问题；接地开关拒动原因与隔离开关相同，排除人为因素后只有二次控制方面会引起误动，处理的重点不一样。但隔离开关和接地开关出现本故障时的处理原则与断路器相同，即先查电气部分后查机械部分，先查设备外部情况后查内部，表7-10和表7-11分别给出了隔离开关和接地开关拒动与误动故障原因及处理方法。此外对隔离开关而言，还存在着分合闸不到位的故障，造成的后果要么因接触电阻大引起发热，要么就是触头间开距不够大电弧难以熄灭，最终导致放电，表7-12给出了对此故障的处理方法。

气体绝缘金属封闭开关设备

表 7-10 隔离开关常见拒动与误动故障处理方法

g	常见故障现象	原 因 分 析	处 理 方 法
拒动	电动操作拒动	控制或电机回路电源电压低于允差或失压	检查控制电源电压
		控制或电机回路接线松动或断线	接好线，拧紧接线螺钉，更换断线的导线
		控制或电机回路的开关、接触器的触头接触不良或烧坏	清理、检修或更换有故障的触头或开关
		接触器线圈断线或烧坏	更换接触器
		热继电器动作，切断了接触器线圈回路	检查热继电器动作原因并采取措施；热继电器动作原因查清楚后，按动热继电器复位按钮
		外部连锁回路不通	检查有关设备、组件的状态是否满足外部连锁条件。检查外部连锁回路及有关设备、组件的连锁开关及其触头是否完好、动作正常
		闭锁杆处于闭锁位置	释放闭锁
	手动操作不能进行	闭锁杆处于闭锁位置	释放闭锁
		控制回路电压降低或失压，连锁电磁铁不动作	提供正常电压
		外部连锁回路不通，连锁电磁铁不能通电动作	检查有关的设备、组件的状态是否满足外部连锁条件。检查外部连锁回路及有关设备、组件的连锁开关及其触头是否完好、动作正常
		连锁电磁铁线圈断线或烧坏；该回路连锁开关有故障；接线松动或断线	检修或更换线圈或开关，检修该线路
		操作手柄转动方向不对	按指示标牌规定的方向操作
	分闸或合闸卡滞	机构或配用开关有机械故障	慢动合分检查，检修排除故障，检修见后述排查检修方案
误动	无信号分闸或合闸	二次控制回路和闭锁回路故障，测控回路故障	检查二次回路接线，查找并排除是否有短接虚接点。检查测控系统与机构控制回路接口部分是否有短接虚接点
		二次回路干扰	检查二次回路接线，是否有交直流共缆，弱电回路是否有强电窜入。检查接触器的线圈动作电压和功率是否过低，易受干扰引起误动
		电机电源停电后，再次送电时，机构动作	将电机电源与控制电源关联，取消控制电源自保持

表 7-11 接地开关常见拒动故障现象及处理方法

常见故障现象	原 因 分 析	处 理 方 法
操作杆无法转动	操作杆无法转动	确认连锁位处于自由状态，不能操动机构
	控制电源电压低	检查控制电源
	连锁线圈开路	更换连锁线圈
	限位元开关故障	更换限位开关
	断线和/或端子松脱	更换断线，拧紧螺栓

176

续表

常见故障现象	原　因　分　析	处　理　方　法
手动操作困难	螺栓松动或由于润滑不良引起摩擦增加	拧紧螺栓，增加润滑剂，必要时更换零件
	内部零部件存在变形	打开气室进行内部排查检修
动作中断	机构或连接机构存在机械故障	排查机构和连接机构是否存在机械故障

表 7-12　　　　　　　　　隔离开关分合闸不到位的处理方法

分类	原　因　分　析	处　理　方　法
外部机构传动故障	操动机构缺少维护，机构箱进水，齿轮干涩、生锈	进行机构箱防水处理，清除齿轮锈迹，涂抹润滑脂，必要时整体更换
	传动系统各组件固定螺栓、挡圈、轴销松动、脱落	定期进行隔离开关维护，及时发现问题并处理
	传动连杆松脱或断裂导致传动失败	重新安装传动杆，查找连杆不正常受力位置，或确定连杆质量问题，更换新的连杆
	齿轮安装配合不正确，导致传动行程不到位	确认齿轮型号正确、重新按照工艺要求装配
本体故障	内部元件螺钉松脱，底座固定螺栓松脱导致动侧装配或静侧装配下垂	确认松脱螺钉，重新紧固并对中
	拐臂传动组件脱落、变形、断裂造成传动不到位。如拐臂轴销挡圈脱落、轴销脱落、定位螺钉松动，拐臂变形等	检查内部轴承、垫圈、轴销、连板等零部件有无脱落、变形；检查是否为轴密封卡涩。确认受损部件，查找部件损坏原因，查找不正常受力位置，进行零部件更换
	绝缘拉杆变形、损坏	确认动触头装配正常后更换绝缘拉杆
	触头变形、损坏	触头中弹簧、触指、导向板有无变形、断裂，更换新的触头

五、部件变形与损坏故障的处理

出现变形或损坏现象的部件可能有壳体、支架或底架、伸缩节和壳体上的附防爆膜，运行中有些问题可以进行现场处理，有些则需停电检修。

常见的壳体问题有铸造外壳砂眼、焊接壳体焊缝质量引起的漏气，如砂眼很小且壳体厚度超过 10mm，利用铝合金材料的延伸性，使用捻枪或錾子将砂眼周围的材料挤压至砂眼孔上形成封堵，作业应在检修状态进行，如有必要还需适当降低气压保证安全。焊缝问题处理不易，即使是可以作业的部位，如图 7-11（b）所示，将气室打开后实现双面焊，对焊接的时间、电流及散热措施均需考虑，还要防止焊渣掉入。如无法采用上述办法可能最后只有更换壳体，经验表明目前尚无一种有效的堵漏方法能够解决具有压力的设备漏气问题。

运行中可以处理的支架变形只有母线支撑支架滑动不畅问题，通过更换滑动件来解决，而因结构设计或安装原因造成的变形，只能重新计算受力情况，采取补强措施或更换合适强度的固定支架。支架连接螺栓出现发热，多数为连接螺栓上的绝缘垫、绝缘套损坏，要彻底解决只能更换，而该项工作如涉及气室，还需回收气体才能进行。

遇到极端环境温度或发生基础沉降，调整伸缩节尺寸是有效的，至少可减少这种危及运行的影响，由于运行中的 GIS 内部充有数个气压的气体，故尺寸调整应严格按生产厂家规定执行。

六、异常声响的处理

1. 外部异常声响处理

对于波纹管热胀冷缩引起的异常声响，可在异常声响消失的时段调整存在摩擦的螺栓，使螺栓外表面与波纹管法兰孔有一定间隙，如图 7-16 所示；对于接地线及支架松动引起的异常声响，应重新按要求紧固连接螺栓。

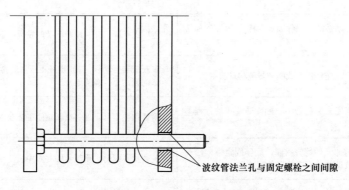

波纹管法兰孔与固定螺栓之间间隙

图 7-16　波纹管连接螺栓调整

2. 内部异常声响处理

无论是连接或固定松动还是异物引起的内部异常声响，都会伴随有局部放电信号，因此可借助局部放电检测设备，检测存在异常声响气室的局部放电，根据检测结果确定是否停电处理。

对于明确是共振引起的异常声响，可采取破坏共振点的方法予以解决，在不停电的条件下，先按要求或规定检查所有外壳与底、支架的固定螺栓，然后适当地增加防震垫，甚至对某些非承受力部位的固定螺栓进行放松，该方法应该在轻负荷和重负荷条件下均作调节。

七、漏气和含水量超标故障的处理

运行中常见的故障就是发生漏气及由此引起的湿度超标问题，对静密封面漏气的处理办法首先是检查漏气部位，如有盆式绝缘子需观察是否为开裂造成的漏气，如果是则须停电更换。对非盆式绝缘子开裂漏气可采取临时措施，如图 7-17 所示，用内装密封垫的金属卡箍固定在有漏气的密封面外缘，使卡箍内的密封垫产生一定压缩量，

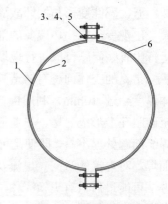

图 7-17　卡箍示意图

1—钢制卡箍；2—密封垫；3—螺栓；
4—垫片；5—螺母；6—钢制卡箍

从而达到堵漏或减小漏气量的效果，该措施可解决设备运行问题，但最多到设备大修时仍需进行彻底处理。动密封面漏气主要是开关设备本体输出轴的伸出部位的密封处漏气，由于输出轴与操动机构相连，位置紧凑，一般需拆掉机构才能检修，如不是严重漏气往往都会结合大修时再处理，如可以实现则更换新的轴密封，否则只能整体更换漏气元件。

湿度超标问题可分别对待，如果是因漏气引起的可按上述方法，首先要解决漏气问题。若不是漏气引起的水分含量超标则要具体分析：定期检测湿度值，如增长趋向稳定可暂时不做处理，待停电检修时再更换密封圈和吸附剂；如湿度超过运行允许值很多，就需要处理，可采用抽真空、用高纯氮气干燥气室内部，然后再充入新气，如一次处理不理想可重复该过程，直至气体处理合格。

参 考 文 献

[1] GB 7674—2008，额定电压 72.5kV 及以上气体绝缘金属封闭开关设备 [S].

[2] 国外现代 SF_6 开关与变电站技术手册 [M]．李桂中等，编译．南宁：广西科学技术出版社，1992.

[3] GB/T 11022—2011，高压开关设备和控制设备标准的共用技术要求 [S].

[4] GB 1984—2014，高压交流断路器 [S].

[5] GB 1985—2014，高压交流隔离开关和接地开关 [S].

[6] DL/T 593—2006，高压开关设备和控制设备标准的共用技术要求 [S].

[7] DL/T 486—2010，高压交流隔离开关和接地开关 [S].

[8] GB/Z 24836—2009，1100kV 气体绝缘金属封闭开关设备技术规范 [S].

[9] GB/Z 24837，1100kV 高压交流隔离开关和接地开关技术规范 [S].

[10] GB/T 22381—2008，额定电压 72.5kV 及以上气体绝缘金属封闭开关设备与充流体及挤包绝缘电力电缆的连接 充流体及干式电缆终端 [S].

[11] GB/T 22382—2008，额定电压 72.5kV 及以上气体绝缘金属封闭开关设备与电力变压器之间的直接连接 [S].

[12] IEC/TR 62271–306：2012，Guide to IEC62271-100，IEC62271-1 and other IEC standards related to alternating current circuit–breakers [S].

[13] 刘青．隔离开关不同操作方式产生的快速暂态过电压 [J]．高压电器，2011（4）：17–22.

[14] Jan Meppelin. Very fast transients in HV GIS substations [J]．ABB Review，1989（5）：31–38.

[15] Gills bernard etc. Study of electromagnetic transients due to DS switching in GIS [J].RGE，1983（11）：667-694.

[16] 高凯，倪浩，杨凌辉．GIS 局部放电检测的技术发展和分析 [J]．华东电力，2012（8）：1384–87.

[17] Avital D，Brandenbursky V，Farber A. Hunting for hot spots in gas-insulated switchgear [J]．T&D World Magazine，2005（5）：42–48.

[18] Q/GDW 448—2010，气体绝缘金属封闭开关设备状态评价导则 [S].

[19] Q/CSG 11099，110kV～500kV SF_6 断路器状态评价导则 [S].

[20] 李泰军，王章启，张挺，等．SF_6 气体水分管理标准的探讨及密度与湿度监测的研究 [J].中国电机工程学报，2003（10）：169–174.

[21] 徐国政，张节容，钱家骊，等．断路器原理和应用 [M]．北京：清华大学出版社，2000：254.

[22] Solvay Flour GmbH.*Sulphur Hexafluoride* [Z].2004：26.

[23] Q/GDW 11127—2013，1100kV 气体绝缘金属封闭开关设备盆式绝缘子的技术规范 [S].